获中国石油和化学工业优秀出版物奖（教材奖一等奖）
普通高等教育"十二五"规划教材

仪器分析实验

王元兰　主　编
张君枝　黄自知　副主编

化学工业出版社
·北京·

本书是根据教学改革实践和实验教学发展需要，结合多年的教学实践而编写的实验教材。

全书共分4章，内容包括仪器分析实验的基本要求；化学信息资源，提供了国内外一些常用的化学信息资源及化学文献的查阅方法，并附有常用的化学期刊网址及翻译网站；实验部分，共51个实验，有电化学分析实验7个，色谱分析实验19个，光谱分析实验22个，核磁共振波谱实验2个及热分析实验1个，每个实验包括有实验目的、实验原理、仪器与试剂、实验步骤、数据处理、注意事项及思考题；常规仪器的简介，介绍了仪器分析实验中常用的13种仪器的使用方法，有利于实验的顺利开设。

本教材内容既有较广的适用性，又注重体现新技术、新方法，可作为农学、林学、水产、食品、动医、动科、生物、资源与环境、材料、生化等专业的教材或参考书，也可供相关专业的科技人员参考。

图书在版编目（CIP）数据

仪器分析实验/王元兰主编.—北京：化学工业出版社，2014.1（2025.2重印）

普通高等教育"十二五"规划教材

ISBN 978-7-122-19072-7

Ⅰ.①仪… Ⅱ.①王… Ⅲ.①仪器分析-实验-高等学校-教材 Ⅳ.①O657-33

中国版本图书馆CIP数据核字（2013）第278286号

责任编辑：旷英姿　　　　　　　　文字编辑：向　东
责任校对：王素芹　　　　　　　　装帧设计：王晓宇

出版发行：化学工业出版社（北京市东城区青年湖南街13号　邮政编码100011）
印　　装：北京科印技术咨询服务有限公司数码印刷分部
787mm×1092mm　1/16　印张9¼　字数206千字　2025年2月北京第1版第9次印刷

购书咨询：010-64518888　　　售后服务：010-64518899
网　　址：http://www.cip.com.cn
凡购买本书，如有缺损质量问题，本社销售中心负责调换。

定　价：21.00元　　　　　　　　　　　　　　　　　　　　版权所有　违者必究

编写人员

主　　编　王元兰
副 主 编　张君枝　黄自知
编　　委　（按姓氏笔画为序）
　　　　　　王元兰　（中南林业科技大学）
　　　　　　邓　斌　（湘南学院）
　　　　　　纪永升　（河南中医学院）
　　　　　　张君枝　（北京建筑工程学院）
　　　　　　郭　鑫　（中南林业科技大学）
　　　　　　黄自知　（中南林业科技大学）
　　　　　　谭　平　（湖南工业大学）

前　言

仪器分析是以物质的物理和物理化学性质为基础建立起来的一种分析方法，测定时，常常需要使用比较特殊或复杂的仪器。仪器分析作为现代的分析测试手段，日益广泛地为许多领域内的科研和生产提供大量的物质组成和结构等方面的信息，因而仪器分析成为高等学校中许多专业的重要课程之一。

对于一般学生来说，将来并不从事分析仪器制造或者仪器分析研究，而是将仪器分析作为一种科学实验的手段，利用它来获取所需要的信息。仪器分析是一门实验技术性很强的课程，没有严格的实验训练，就不可能有效地利用这一手段来获得所需要的信息。我们旨在通过《仪器分析实验》教学，使学生正确掌握基础分析化学的基本操作和基本技能，掌握各类分析的测定方法和测定原理，了解并熟悉一些大型分析仪器的使用方法，培养学生严谨的科学态度，提高他们的动手能力及对实验数据的正确分析能力，使其初步具备分析问题、解决问题的能力，为学生后续专业课程的学习及完成学位论文和走上工作岗位后参加科研、生产奠定必需的理论和实践基础。

《仪器分析实验》是21世纪高等院校教材，是编者根据教学改革实践和教学发展需要，结合多年的教学实践而编写的。全书分4章共51个实验，内容包括：仪器分析实验的基本要求、化学信息资源、仪器分析实验部分及常规仪器的简介，其中实验部分包括电化学分析实验7个，色谱分析实验19个，光谱分析实验22个，核磁共振波谱实验2个及热分析实验1个。每个实验包括有实验目的、实验原理、仪器与试剂、实验步骤、数据处理、注意事项及思考题。教材内容既有较广的适用性，又注重体现新技术、新方法，以培养和提高学生的创新精神和实践能力，使学生既能掌握经典的方法，又具备设计实验的能力。

本教材具有如下特点：

1. 实验内容涉及化学、生命、环境、食品、材料、能源、医药、农学、林学等学科领域，综合程度高，具有较广的适用性和实用性。

2. 教材中很多实验来源于教师的科研积累和成果，紧跟研究前沿，把握研究热点，具有一定的先进性和创新性。

3. 部分实验内容贴近日常生活，增加了教材的实用性，有利于提高学生的学习兴趣和自主性。

本书由王元兰主编，并负责全书的策划、编排和审订及最后的统稿、复核工作，张君枝、黄自知任副主编。参加本教材编写的有中南林业科技大学的王元兰（第1章，第2章，实验六、八、十一、十二、十三、十六、十九、二十二、二十五、二十八、三十一、三十二、三十四、三十五、三十七）、黄自知（实验一、十五、二十、二十七、二十九、三十三、四十一及第4章）、郭鑫（实验四十五、四十六、四十八、四十九、五十、五十一），湖南工业大学的谭平（实验二、七、十八、二十一、三十六、四十二、四十七），北京建筑工程学院的张君枝（实验三、四、十七、二十三、二十六、三十、四十），河南中医学院的纪永升（实验五、九、十、十四、二十四、四十四），湘南学院邓斌（实验三十八、三十九、四十三）。

本书在编写过程中得到了中南林业科技大学、北京建筑工程学院、湖南工业大学和河南中医学院化学教研室同仁的支持，特别是中南林业科技大学教务处在2013年对本教材给予的立项支持以及中南林业科技大学化学教研室的陈学泽教授、胡云楚教授和赵芳副教授提供了不少素材和修改建议，在此谨向他们致以诚挚的谢意！

本书可作为农学、林学、水产、食品、动医、动科、生物、资源与环境、材料、生化等专业的教材或参考书，也可供相关专业的科技人员参考。

由于编者水平有限，书中不妥之处在所难免，恳请读者不吝指正。

编者
2013年8月

目 录

1 仪器分析实验的基本要求 ... 1
1.1 仪器分析实验的基本要求 ... 1
1.2 实验数据处理和结果的表达 ... 1
1.2.1 列表法 ... 1
1.2.2 图形表示法 ... 2
1.2.3 数值表示法 ... 3
1.2.4 有效数字和数字修约规则 ... 4
1.2.5 Microcal Qrigin 6.0 的使用 ... 4

2 化学信息资源 ... 6
2.1 利用搜索引擎 ... 6
2.2 利用网络数据库 ... 7
2.3 Internet 化学化工信息资源导航类网站 ... 7
2.4 免费的化学化工物性数据库 ... 9
2.5 免费的化学化工期刊及期刊文献信息 ... 10
2.6 免费的化学化工专利信息 ... 12
2.7 常用的翻译网站 ... 13

3 实验部分 ... 15
3.1 电化学分析实验 ... 15
实验一 离子选择性电极法测定水样中的微量氟 ... 15
实验二 水中 I^- 和 Cl^- 的连续测定（电位滴定法） ... 17
实验三 水中 Ca^{2+}、Mg^{2+} 的连续滴定——电位滴定法 ... 20
实验四 酸碱滴定——自动电位滴定法 ... 22
实验五 库仑滴定法测定微量砷 ... 23
实验六 单扫描示波极谱法测定铅和镉 ... 25
实验七 循环伏安法判断电极过程 ... 26

3.2 色谱分析实验 ... 29
实验八 薄层色谱分离鉴定有机化合物 ... 29
实验九 黄连药材的薄层色谱法鉴别 ... 31
实验十 纸色谱分离氨基酸 ... 32
实验十一 气相色谱仪气路系统的连接、检漏及载气流速的测量与校正 ... 32
实验十二 气相色谱填充柱的柱效测定 ... 35
实验十三 乙酸甲酯、环己烷、甲醇等混合样品的色谱测定 ... 37

实验十四　气相色谱法测定藿香正气水中乙醇含量 ··· 39
实验十五　气相色谱法测定白酒中乙醇含量 ··· 40
实验十六　气相色谱法测定乙醇中乙酸乙酯的含量 ··· 42
实验十七　气相色谱法定量分析乙醇中水含量 ··· 43
实验十八　利用保留值定性及归一法定量测定乙醇、丙酮及水混合溶液中各组分的
　　　　　含量 ··· 44
实验十九　程序升温法测定工业二环己胺中微量杂质 ··· 46
实验二十　液相色谱柱效能的测定 ·· 48
实验二十一　果汁（苹果汁）中有机酸的分析 ·· 49
实验二十二　液相色谱法测定污染水样中的苯和甲苯 ·· 52
实验二十三　气相色谱-质谱联用仪对农药的定性定量分析 ·· 53
实验二十四　高效液相色谱法测定双黄连口服液中黄芩苷的含量 ································ 55
实验二十五　高效液相色谱法测定饮料中的咖啡因 ·· 56
实验二十六　离子色谱法测定水中 F^-、Cl^-、NO_3^-、PO_4^{3-} ······························· 57

3.3　光谱分析实验 ·· 59

实验二十七　火焰光度法测定样品中的钾、钠 ·· 59
实验二十八　电感耦合等离子体发射光谱法（ICP-AES）测定废水中镉、铬含量 ·········· 60
实验二十九　紫外分光光度法测定饮料中的防腐剂——苯甲酸 ·································· 62
实验三十　紫外分光光度法测定维生素 C 片剂的维生素 C 含量 ································· 63
实验三十一　紫外分光光度法鉴定未知芳香化合物及萘的测定 ··································· 64
实验三十二　紫外差值光谱法测定废水中的微量酚 ·· 66
实验三十三　原子吸收分光光度法测定自来水中镁的含量 ··· 67
实验三十四　原子吸收分光光度法测定土壤中铜和锌的含量 ······································ 68
实验三十五　原子吸收分光光度法测定水样中的铜 ·· 70
实验三十六　火焰原子吸收分光光度法测定自来水中钠的含量 ··································· 72
实验三十七　原子吸收分光光度法测定豆乳粉中的铁、铜 ··· 74
实验三十八　原子吸收分光光度法测定钢中的铜 ·· 75
实验三十九　原子吸收分光光度法测定茶水中的钙 ·· 77
实验四十　原子吸收分光光度法测定土壤样品中镍、镉、铅的含量 ····························· 78
实验四十一　荧光光度分析法测定维生素 B_2 ·· 80
实验四十二　荧光光度法测定多维葡萄糖粉中维生素 B_2 的含量 ································· 82
实验四十三　荧光分析法测定邻羟基苯甲酸和间羟基苯甲酸 ······································ 83
实验四十四　KBr 压片法红外光谱练习 ··· 84
实验四十五　红外吸收光谱定性分析 ·· 85
实验四十六　红外吸收光谱的测定及结构分析 ·· 87
实验四十七　苯甲酸红外光谱的测绘 ·· 89
实验四十八　苯甲酸和水杨酸的红外吸收光谱的定性分析 ··· 91

3.4　核磁共振波谱实验 ··· 92

实验四十九　核磁共振（NMR）演示实验 ·· 92

  实验五十 核磁共振氢谱实验 ……………………………………………… 95
 3.5 热分析实验 ……………………………………………………………… 101
  实验五十一 $CuSO_4 \cdot 5H_2O$ 的差热分析 ………………………………… 101
4 常规仪器简介 ………………………………………………………………… 104
 4.1 722N 型分光光度计的使用 ……………………………………………… 104
 4.2 KLT-1 库仑仪 ……………………………………………………………… 106
 4.3 色谱分析仪 ………………………………………………………………… 108
 4.4 火焰光度计 ………………………………………………………………… 110
 4.5 发射光谱分析仪 …………………………………………………………… 112
 4.6 紫外-可见分光光度计 …………………………………………………… 115
 4.7 原子吸收分光光度计 ……………………………………………………… 116
 4.8 荧光光度计 ………………………………………………………………… 125
 4.9 化学发光分析仪 …………………………………………………………… 127
 4.10 红外光谱仪 ……………………………………………………………… 130
 4.11 核磁共振波谱仪 ………………………………………………………… 132
 4.12 质谱仪 …………………………………………………………………… 134
 4.13 高效毛细管电泳仪 ……………………………………………………… 137
参考文献 …………………………………………………………………………… 139

1 仪器分析实验的基本要求

1.1 仪器分析实验的基本要求

仪器分析实验是仪器分析课程的重要内容。其目的是让学生在教师指导下，以分析仪器为工具亲自动手获得所需物质化学组成、含量和结构等信息。它是一种特殊形式的科学实践活动。通过仪器分析实验，使学生加深对有关仪器分析方法基本原理的理解，掌握仪器分析实验的基本知识和技能；学会仪器的正确使用方法；掌握实验条件优化的方法；正确地处理实验数据和表达实验结果；培养学生严谨求实的科学态度、进行实验的技能技巧和独立工作的能力。要达到仪器分析实验教学的目的，须对仪器分析实验课提出以下基本要求。

（1）实验之前做好预习工作。仔细阅读实验教材，对实验原理、方法和操作步骤以及注意事项做到心中有数。

（2）学会正确使用仪器。应在教师指导下熟悉和掌握仪器的正确使用方法，详细了解仪器的性能，防止损坏仪器或发生安全事故。

（3）实验过程中，要细心观察和详细记录实验中的各种现象，认真记录实验条件和分析测试的原始数据；认真学习有关分析方法的基本技能。

（4）认真写好实验报告。撰写实验报告是仪器分析实验的延续和提高。实验报告应做到简明扼要、图表清晰。其内容应包括实验名称、完成日期、实验原理、仪器名称及其型号、所用试剂、主要仪器的工作参数、实验步骤、实验数据及图表、实验现象、数据分析和结果处理、问题讨论等。写好实验报告是提高仪器分析实验教学质量的一个非常重要的环节。

（5）爱护仪器设备和实验室的环境。实验过程中应始终保持实验室的整洁与安静；实验结束后，应将所用仪器复原，并认真填写仪器使用记录本；清洗干净所用器皿，整理好实验室，经教师查、签字后方可离开。

1.2 实验数据处理和结果的表达

分析数据的表示方式，视数据的特点和用途而定，不管采用什么方式表示数据，其基本要求是准确、明晰和便于应用。常用的数据表示方式有列表法、图形表示法、数值表示法。这三种方法各有各的应用场合，在撰写实验和研究报告时，可以因地制宜，几种方法并用。

1.2.1 列表法

列表法是以表格形式表示数据。其优点是列入的数据是原始数据，可以清晰地看出数据的过程，亦便于日后对计算结果进行检查和复核；可以同时列出多个参数的设置，便于同时考察多个变量之间的关系。当数据很多时，列表占用篇幅过大，显得累赘，用列表法表示数据时，需要注意规范化。

(1) 选择适合的表格形式。在现在的科技文献中，通常采用三线制表格，而不采用网格式表。

(2) 简明准确地标注表名。表名标注于表的上方，当表名不足以充分说明表中数据含义时，可以在表的下方加标注。

(3) 表的第一行为表头，表头要清楚标明表内数据的名称和单位，名称尽量用符号表示。同一列数据单位相同时，将单位标注于该列数据的表头，各数据后不再加写单位。单位的写法采用斜线制。

(4) 在列数据时，特别是数据很多时，每隔一定量的数据留一空行。上下数据的相应位数要对齐，各数据要按照一定的顺序排列。

(5) 表中的某个或某些数据需要特殊说明时，可在数据上作一标记，再在表的下方加注说明。

1.2.2 图形表示法

图形表示法的优点是简明、直观，可以将多条曲线同时描绘在同一图上，便于比较。随着计算机技术的发展，可以在三维空间描绘图形。

(1) 曲线拟合　在仪器分析中，绝大多数情况下都是相对测量，需用校正曲线进行定量。建立校正曲线，就是基于使偏差平方和达到极小的最小二乘法原理，对若干个对应的数据 (x_1, y_1)，(x_2, y_2)，(x_n, y_n)，用函数进行拟合。从作图的角度来说，就是根据平面上一组离散点，选择适当的连续曲线近似地拟合这一组离散点，以尽可能完善到表示仪器响应值和被测定量之间的关系。这种基于最小二乘法原理研究因变量与自变量之间的相关关系的方法，称为回归分析。用回归分析建立仪器分析校正曲线，因变量是仪器响应值，是具有概率分布的随机变量，自变量是被测定量（浓度），为无概率分布的固定变量。所建立的校正曲线，描述了因变量与自变量之间的相关关系，并可根据各自变量的取值对因变量进行预报和控制。

用最小二乘法原理拟合回归方程，其斜率和截距分别为：

$$b = \frac{n\sum x_i y_i - \sum x_i \sum y_i}{n\sum x_i^2 - (\sum x_i)^2}$$

$$a = \bar{y} - b\bar{x}$$

所拟合的回归方程及建立的曲线在统计上是否有意义，可用相关系数进行检验。相关系数 r 是表征变量之间相关程度的一个参数，若 r 大于相关系数表中的临界值 $r_{0.05, f}$，表示所建立的回归方程和回归线是有意义的；反之，r 若小于 $r_{0.05, f}$，则表示所建立的回归方程和回归线没有意义。r 的绝对值在 0~1 的范围内变动，r 值越大，表示变量之间相关的程度越密切。当 y 随 x 增大而增大，称为 y 与 x 为正相关，为正值；当 y 随 x 增大而减小，称 y 与 x 为负相关，r 为负值。

$$r = \frac{\sum(x_i - \bar{x})(y_i - \bar{y})}{\sqrt{\sum(x_i - \bar{x})^2 \sum(y_i - \bar{y})^2}} = \frac{n\sum x_i y_i - \sum x_i \sum y_i}{\sqrt{[n\sum y_i^2 - (\sum y_i)^2][n\sum x_i^2 - (\sum x_i)^2]}}$$

相关系数表临界值 $r_{0.05,f}$ 如表 1-1 所示。

表 1-1 相关系数表临界值 $r_{0.05,f}$

$f=n-2$	$r_{0.05,f}$	$f=n-2$	$r_{0.05,f}$	$f=n-2$	$r_{0.05,f}$	$f=n-2$	$r_{0.05,f}$
1	0.997	6	0.704	11	0.553	16	0.468
2	0.950	7	0.666	12	0.532	17	0.456
3	0.878	8	0.632	13	0.514	18	0.444
4	0.811	9	0.602	14	0.497	19	0.433
5	0.754	10	0.576	15	0.482	20	0.423

(2) 置信范围的界定 回归线（回归方程）的精度用标准差 S 表示，通常用 $\pm 2S$ 作为它的置信区间。回归线的标准差是各实验点相对于回归线求出。

$$S_y = \sqrt{\frac{\sum_{i=1}^{n}(y_i - Y_i)^2}{n-2}} = \sqrt{\frac{\sum_{i=1}^{n}y_i^2 - \frac{1}{n}(\sum y_i)^2}{n-2}}$$

由实验点绘制的校正曲线是 $y=f(x)$，而从校正曲线反求被测样品的浓度或含量值时，浓度或含量的精密度按下式计算。

$$S_x = \frac{S_y}{b}\sqrt{\frac{1}{p} + \frac{1}{n} + \frac{(y_0 - \bar{y})^2}{b^2 \sum_{i=1}^{n}(x_i - \bar{x})^2}}$$

不确定度按下式计算：$\Delta = t_{a,f} S_x$

式中，b 是校正曲线的斜率；n 是实验点的数目；p 是被测样品的重复测定次数。由此可见，如果只给出一条回归线，不给出精密度或置信区间，就无法知道测定结果的精密度，因此是不合适的，知道了回归线的置信区间，也可以根据它来判定异常的实验点，当实验点落在置信区间之外，就可以判为异常点，异常点不能参与回归计算。

(3) 图形的绘制和标注 在绘图时，应做到规范化。

① 用 x 轴代表可严格控制的或实验误差较小的自变量，y 轴代表因变量。坐标轴应标明名称和单位，名称尽量用符号表示，单位的写法采用斜线制。

② 坐标轴分度应与使用的测量工具和仪器的精度相一致，标记分度的有效数字位数应与原始数据的位数相同。在直角坐标纸上，每格所代表的变量值以 1、2、4、5 等量为宜，应避免采用 3、6、7、9 等量。应使整个图形占满全部坐标纸，大小也应适当。

③ 对于标准曲线，它一定会经过 $(\bar{x}, \bar{y})$ 和 $(0, a)$ 点，所以绘制标准曲线时，应先画出这两点，通过它们画出直线，再将其他点描在图上。

④ 图中有多条曲线时，应分别用不同的符号标注。

⑤ 若变量之间的关系是非线性的，则应尽量通过数学处理将其转变为线性关系。

⑥ 图的下方应标明图的名称和必要的注释。

1.2.3 数值表示法

用数值表示分析测定结果的优点是简练，大量的测定数据可以用很少量的特征量值来表征。

1.2.4 有效数字和数字修约规则

（1）**有效数字及其确定方法** 实验中记录分析测试数据时，记录的数据与表示结果的数值所具有的精确度应与所使用的测量仪器和工具的精确度一致。一般可估计到测量仪器和工具最小刻度的十分位，所记录的数除最后一位数字具有不确定性外，其余各位数字应是准确的。对于所记录的没有小数位且以若干个零结尾的数值，从非零数字最左一位向右数得到的位数减去无效零（仅为定位用的零）的个数，对于其他的十进位数，从非零数字最左一位向右数得到的位数，就是有效数字。

（2）**数字修约规则** 根据测定仪器和方法的误差与对测定数据精确度的要求，根据修约规则，需对实际测定数据的位数进行取舍，采用"四舍六入五成双"的修约准则。所拟舍弃数字位两位以上数字时，不得连续进行多次修约，应根据所拟舍弃数字中左边第一个数字的大小按修约规则一次修约得出结果。此修约准则的优点是保持了进舍项数平衡性与进舍误差的平衡性。在报告测定结果的误差时，对误差值数字的修约，只进不舍。

1.2.5 Microcal Origin 6.0 的使用

Origin 6.0 是美国 Microcal 公司推出的一个在 Windows 操作平台下用于数据分析和绘图的工具软件，它使用简便、功能强大，应用非常广泛。

如图 1-1 所示，Microcal Origin 6.0 是一个多文档界面的软件。

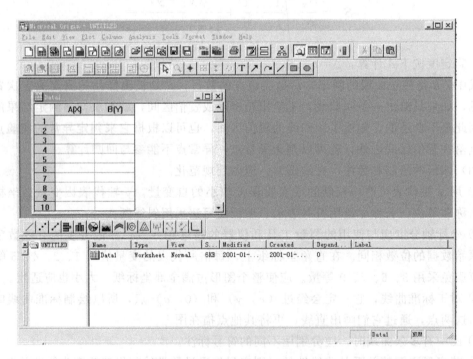

图 1-1 Microcal Origin 6.0 界面

（1）**工作表（WorkSheet）窗口** 当 Microcal Origin 6.0 启动或建一个新文件时，默认设置是一个工作表窗口，该窗口缺省为 A（X）、B（Y）两列，分别代表自变量和因变量。A 和 B 是列的名字，双击列的顶部可对其进行更改。可在工作窗口中用光标或鼠标移动插入点直接输入数据，也可点中"文件→（File）"、"导入（Import）"从外部文件导入数据。

(2) 绘图功能　在工作表窗口中选定用来作图的数据，点击"绘图（Plot）"菜单，将显示 Microcal Origin 6.0 可绘制的各种图形，包括直线图、描点图、向量图、柱状图、饼图、区域图、极坐标图以及各种 3D 图表、统计用图表等。也可从下方的工具栏中直接选取图形，然后在"工具（Tools）"菜单下选择所需的曲线拟合工具。例如，对数据进行线性拟合，可在"线性拟合（Linear Fit）"工具箱上设置好各项，然后点击"拟合（Fit）"键，会弹出一个绘图窗口，给出拟合出来的曲线，同时在弹出的"脚本（Script）"窗口中给出拟合参数，如回归系数、直线的斜率和截距等。此时，原激活窗口为工作表窗口中的"绘图（Plot）"菜单变成了"图形（Graph）"，"柱（Colum）"变成了"数据（Data）"。

在"编辑（Edit）"菜单下选"复制页面（Copy Page）"，就可将当前"图形（Graph）"窗口中绘制的整个图形拷贝至 Windows 系统的剪贴板，这样就可以在其他应用程序如 Word 中进行粘贴等操作。选择"图形（Graph）"菜单下的"添加图层（Add Plot to Layer）"，就可在当前层中加入新的一组数据点，这个命令用于将几组数据绘于同一个图上。

(3) 数据分析功能　选择"分析工具（Analysis）"→"按列统计（Statistics on Columns）"，将弹出一个新的工作表窗口，其中给出了选定各列数据的各项统计参数，包括有平均值（Mean）、标准偏差（Standard Deviation，即 SD）、标准误差（Standard Error，即 SE）、总和（Sum）及数据组数（N）。若原始工作表中的数据改动以后，点击工作表窗口上方的"重新计算（Recaculate）"钮，就可以重新计算，得到更新的统计数据。类似的，可选择"分析工具（Analysis）"→"按行统计（Statistics on Rows）"则可以对行进行统计，不过不再新建窗口，统计结果直接附在原工作表的右边。选择"分析工具（Analysis）"→"t 检验（t-test）"可以对数据进行 t 检验，判断所选数据在给定置信度下是否存在显著性差异，结果会在弹出的 Script Windows 中显示。还可以在"分析工具（Analysis）"菜单下进行数据排列（Sort）、快速傅里叶变换（FFT）、多元回归（Multiple Regression）等。

2 化学信息资源

当今时代是一个信息时代。信息对于经济和社会发展、科技文化的进步都起着重要的作用。Internet 上有着丰富的化学化工信息资源，高速发展的网络为全球性的合作、信息交流和资源共享带来前所未有的机会。充分利用国内外的学术、教育、研究、商业资源，通过互联网开展文献检索和资料查询，进行远程登录和文件传送，进行学术资源交流和学术合作已成为当前化学化工文献新趋势。下面介绍几种网上化学化工信息资源的检索途径与检索技巧，希望能为大家提供参考。

2.1 利用搜索引擎

读者要在 Web 网页上查找化学化工专题的内容，最有效快捷的方法是利用搜索引擎。搜索引擎可以说是一个庞大的网址数据库，不同的搜索引擎一般具有不同的功能。同一检索问题使用不同的搜索引擎通常得到不同的结果。Internet 上较有影响的中英文搜索引擎介绍如下。

（1）常用综合性搜索引擎　Google (http://www.google.com)、百度 (http://www.baidu.com)、搜狐 (http://www.sohu.com)、Alta vista (http://www.altavista.com)、Infoseek(http://www.infoseek.com)、Tonghua(http://www.tonghua.com.cn) 等，适合化学化工信息的广泛搜索。

（2）专业搜索引擎　通用搜索引擎通常是面向大众的，面向科学技术的相对少，使检索结果精确度不高，要想快速、准确地检索专业信息，必须掌握专业性搜索引擎的使用方法。目前，大型的化学化工专业搜索引擎主要有以下几种。

① 美国化工网（http://www.chemindustry.com/）　该网站收集了几千万个 Web 站点和全文数据，利用该网可以搜索到全球范围内化学化工领域中各方面的信息。其检索界面有中文、法文、英文、德文 4 种语种版本，检索时无论使用哪种版本，都必须用英文方式进行提问或组配，检索结果全部显示为英文。该网站可提供关键词、分类和过滤器限定法三种检索方法，另外利用化学词典同义词功能，可检索出化合物名称、分子式、CA 登记号等信息。

② 化学之门（http://www.chemonline.net/ChemEngine/）　化学之门是华南师范大学化学系计算机与网络化学教研室维护运作的一个免费为教育科研提供服务的网站，它收录和组织了 4500 多个化学化工专业网站，可利用关键词和高级检索进行查寻。收录的资源大部分是化学化工类的英文网站，并设置了"翻译"的功能，网站会把所有的链接信息自动进行翻译，可读性较强。

③ 中国化工搜索（http://chemdoc.chem.cn/）　中国化工搜索由中国化工信息中心、北京金华夏网络技术有限公司开发，于 2004 年 7 月 8 日正式开通。这是目前国内化

工行业中最大的搜索引擎,据称其所拥有的客户群(企业数、产品数)超过竞争对手客户数的 60%。中国化工搜索可按照产品或产品分类、网页、文献进行搜索。

(3) 基本搜索技巧

① 各种搜索引擎大都设置逻辑查询功能。常用的逻辑算符有 and、or、not,分别表示逻辑与、或、非。这一功能允许用户输入多个关键词进行逻辑查询,以提高查全率和查准率。如要查找"纳米材料在石油工业中应用"的课题,可选择"纳米材料"、"石油工业"作关键词,布尔逻辑检索表达式为:"纳米材料 and 石油工业"。要查"柠檬酸的提取和利用"的文献,布尔逻辑检索表达式为:"柠檬酸 and(提取 or 利用)"。

很多搜索引擎也支持用加(+)减(-)号限定要检索的词。也有用空格来默认两个检索词逻辑和状态。不同的搜索引擎会使用自己规定的符号及算符,用户在检索时应特别注意了解不同搜索引擎的帮助或说明。

② 要查找细微具体信息,应使用更具体特定、专指度高的词作检索词。如:查找有关"表面活性剂"的资料,最好是以具体表面活性剂的名称为检索词,如:"阳离子表面活性剂"、"Gemini 表面活性剂"、"AES 表面活性剂"等。

2.2 利用网络数据库

网络数据库具有信息量大、更新快、品种齐全、内容丰富、数据标引深度高、检索功能完善等特点,是查找化学化工文献的重要信息源。常用中外文的网络数据库有:CNKI 中国知识基础设施工程网(http://www.cnki.net)、万方数据资源系统(http://www.wanfangdata.com.cn)、国家科技图书文献中心(http://www.macrochina.com.cn)、Academic Search Premier(学术期刊集或全文数据库)(http://search.ebscohost.com)、springer 期刊数据库(http://springer.metapress.com)等。数据库除包括期刊全文数据库外,还有学位论文、会议论文、专利文献、标准文献等多种文献类型的全文数据库。各数据库均提供初级检索、高级检索和期刊导航功能。可通过分类、关键词、作者、题目、刊名、机构、导师名称、学科专业、专利名称、标准名称等多种检索途径查询有关中外文化学化工专业的相关文献;利用期刊导航功能可了解数据库所收录的各学科核心期刊、专业期刊及综合性期刊的期刊范围,并可查询刊物的出版单位信息,便于科研人员投稿和与编辑部联系。此外,各数据库均提供网上原文传递服务,便于读者获取原文。

2.3 Internet 化学化工信息资源导航类网站

Internet 化学化工信息资源导航系统与化学化工专业搜索引擎一样,是查询网上化学化工信息的一条捷径。化学化工信息资源导航类网站的主要任务是将 Internet 上大量的化学资源进行深度搜索、细分和整合,呈现给用户一个清晰、有效、便捷的网址列表以方便用户的查询,通过这些网站可以找到许多有用的免费资源。目前国内外在 Internet 上存在的较优秀的化学化工信息资源导航系统介绍如下。

(1) Cheminfo (http://en.wikibooks.org/wiki/Chemical_Information_Sources) 这是美国印第安纳大学化学信息综合网站。该站点把传统的主要化学化工信息资源与相关的 Internet 化学信息资源有机地组织在一起，收录的内容全面且权威，是目前化学化工类信息资源中最详尽的一个网络导航指南。

(2) Links for Chemists (http://www.liv.ac.uk/Chemistry/Links/links.html) 该网站由英国利物浦大学化学系于 1995 年创办，所链接的化学站点非常广泛，有德语和法语的版本。

(3) Chemdex (http://www.chemdex.org/) 这是英国 Sheffield 大学的 Mark Winter 在 1993 年建立和维护的资源导航系统。该网站连接德国、拉丁美洲、墨西哥、意大利、法国、非洲和澳大利亚等国的化学网站，资源非常丰富。

(4) Chemweb (http://chemweb.com/) 该站点是 Internet 上功能最强大、服务种类最齐全的化学虚拟社区站点，具有浏览、检索、查询、在线购物及站点导航等服务功能。网站可免费注册，注册后进入该站点可得到每天的化学化工新闻。导航内容部分非常详细，提供化学化工方面的杂志、数据库和其他服务。

(5) 英国皇家化学会网站 (http://www.rsc.org/chemsoc/) 该资源导航系统包括书籍、环境、数据库、期刊、职业、商业、软件、应用化学、纯化学、生物及医药化学、协会组织、会议、分析化学、在线课程、教育组织、教育教学资源等。所提供的 Web Links 是一个较优秀的化学资源导航系统。

(6) Chin (http://www.chinweb.com/index.shtml) 这是国内最完善的化学资源导航系统，由中科院化工冶金研究所计算机化学开放实验室建立和维护的化学资源导航系统，始建于 1996 年。通过该网站，可以查询化学化工方面的有关新闻、会议信息、化学学会及组织机构、化学实验室和研究小组、期刊及图书等文献、化学数据库、专利及教学软件等资源。

(7) Two thousand of the best chemistry sites (C2K) (http://www-jmg.ch.cam.ac.uk/data/c2k/) 由剑桥大学化学系 Goodman 研究组建立，收录全球 140 余个国家的化学化工信息，每月检查更新链接，分为化学院系、化学相关期刊、数据、化学家及化学的学/协会。

(8) 欧洲纳米技术门户 (http://www.nanoforum.org/) 提供欧洲纳米技术研究的各种资源，包括报告、论文、项目、组织等形式，英语界面，部分全文。

其他一些化学化工信息资源的导航系统有：

美国化学会网站 http://portal.acs.org/portal/acs/corg/content;

Chemie.de 搜索引擎 http://www.chemie.de/search/?language=e;

美国化工网 http://www.chemindustry.com/;

Google 化学资源目录 http://directory.google.com/Top/Science/Chemistry/;

Open Directory 的化学资源目录 http://www.dmoz.org/Science/Chemistry/;

中国化工信息网 http://www.cheminfo.gov.cn;

中国精细化工网 http://www.chemfindecom/ 或 http://www.finechem.com.cn;

化学视窗 http://www.chemwindow.net/index.asp;

化学之门 http://www.chemonline.net/ChemDoor/default.asp；
分析化学资源导航 WebAnalytes http://www.webanalytes.com/。

2.4　免费的化学化工物性数据库

化学科研的实验及教学过程中，需要知道大量的数据，如元素的性质、化合物的溶沸点等物理数据等，大量的这些数据可通过免费的物性数据库获得。目前网上具有代表性的免费化学化工物性数据库主要介绍如下。

（1）Nist Chemistry WebBook（http://webbook.nist.gov/chemistry/）　资源特点：数据库包括 4000 多种有机和无机化合物的热化学数据、1300 多个反应的反应热、5000 多种化合物的红外光谱、8000 多种化合物的质谱、12000 多种化合物离子能量数据，是一个非常实用的免费化学数据库。

（2）Chemexper（http://www.chemexper.com/）　资源特点：包含了 40000 种化学物质结构、16000 种材料安全数据表、100000 种带有各种信息的产品，可以通过 CAS 登记号、目录号和分子式、分子名称等形式进行检索。

（3）危险化学药品数据库（http://ull.chemistry.uakron.edu/erd/）　资源特点：用户可通过关键词直接检索该数据库的 30209 种危险化学品的信息。

（4）化学专业数据库（http://202.127.145.134/scdb/）　资源特点：化学专业数据库是中科院上海有机化学研究所承担建设的综合科技信息数据库的重要组成部分，数据库群涵盖了 19 个方面的数据内容与技术，提供化合物有关的命名、结构、基本性质、毒性、谱学、鉴定方法、化学反应、医药农药应用、天然产物的相关文献和市场供应等信息。

（5）元素周期表数据库（http://www.webelements.com/）　资源特点：这是互联网上的第一个关于化学元素周期表的数据库，该数据库可用超级链接进入周期表内各元素的具体描述及性能数据，只要选中该元素点击后就能得到关于这种元素的全部信息。

（6）化学合成数据库 ChemSynthesis（http://www.chemsynthesis.com/）　资源特点：本网站包含了物质的合成和物理性质参考，如熔点、沸点和密度。目前数据库有超过 40000 种化合物和超过 45000 篇合成文献，附有 Organic Syntheses 等记录的经典合成方法。

（7）结构数据库 ChemSpider（http://www.chemspider.com/）　资源特点：ChemSpider 是以化学结构式为基础的最丰富的单一化学信息在线资源，提供超过 20000000 种化学结构式以及整合其中的多项在线服务，它可以进行名称检索、结构检索、性质检索、用途检索等。

其他一些免费的化学数据库还有：
蛋白质数据库 http://www.rcsb.org/pdb/home/home.do；
NCI Database Browser 数据库 http://cactus.nci.nih.gov/ncidb2.1/；
ChemFinder http://chemfinder.cambridgesoft.com/；
Nucleic Acid Database http://ndbserver.rutgers.edu/；

纳米研究专业数据库 http://www.nano.csdb.cn/；
PubMed 数据库 http://www.ncbi.nlm.nih.gov/PubMed。

2.5 免费的化学化工期刊及期刊文献信息

化学化工类专业期刊因其出版快、学术性强在学术信息体系中一直占据着极其重要的位置，是化学化工领域教学、科研参考的主要信息资源之一，通过 Internet 可以获得大量免费的化学化工期刊文献信息。

(1) ABC Chemistry 化学免费全文期刊（http://www.abc.chemistry.bsu.by/current/fulltext.htm） ABC Chemistry 是化学方面的免费全文网上期刊数据库，由白俄罗斯国立大学化学系的一位教授建立的，分为永久期刊和临时期刊两大类。这是一个集合很多化学方面期刊链接的网站，本身并不存取这些期刊数据。

(2) Chemistry Central（http://www.chemistrycentral.com/） Chemistry Central Journal 出版所有化学领域的经同行评审的开放获取文章，所有文章被 PubMed，Scopus，CAS，Web of Science and Google Scholar 索引。

(3) Doaj（http://www.doaj.org） 由瑞典 Lund University Libraries 设立于 2003 年 5 月。截至 2011 年 3 月 10 日，DOAJ 网站共收录开放存取期刊 6263 种，其中化学期刊 129 种，可免费获取全文。DOAJ 收录的均为有质量控制的学术性、研究性期刊，对学术研究有很高的参考价值。

(4) Open J-Gate（http://www.openj-gate.com/Search/QuickSearch.aspx） Open J-Gate 是世界上最大的免费期刊获取网站，它由 Informatics（India）Ltd 公司于 2006 年创建并开始提供服务，共收录免费期刊 8398 种，化学 22 种，同行评审期刊 5607 种。

(5) Journal@rchive（http://www.journalarchive.jst.go.jp/english/top_en.php） 日本过刊全文数据库，它把日本众多学术期刊扫描数字化后，发布到互联网上，供浏览下载使用。

(6) PubMed Central（UKPMC）（http://ukpmc.ac.uk/） 这是英国第一个开放存取的在线资源。该系统免费提供医学和生命科学领域中经同行评议的研究成果存取，可以免费下载英国目前最为前沿的生命和医学的文献。

(7) HighWire Press 电子期刊（http://highwire.stanford.edu/lists/freeart.dtl） HighWire Press 是全球最大的提供免费全文的学术文献出版商，于 1995 年由美国斯坦福大学图书馆创立。最初仅出版著名的周刊"Journal of Biological Chemistry"，目前已收录电子期刊 1604 多种，其中 364 种可以在线免费获得全文，1240 种需付费才能阅读及下载，这些数据仍在不断增加。

(8) J-Stage（http://www.jstage.jst.go.jp/browse/_journallist） 由日本科学技术振兴机构开发，收录的文献以学术研究类为主，涉及科学技术的各个领域。共有期刊 680 种，其中开放存取期刊 632 种，非开放存取期刊 48 种。

(9) Socolar（http://www.socolar.com/） 这是由中国教育图书进出口公司研发的 Open Access 资源一站式服务平台。通过 Socolar 可以检索到来自世界各地、各种语种的重要 OA 资源，并提供 OA 资源的全文链接。它收录 11695 种 OA 期刊，其中化学 172 种；收录 1046 个 OA 仓储。

(10) NSTL 开放获取期刊集成检索系统（http://oaj.nstl.gov.cn:8080/NSTL_OAJ/） NSTL 开放获取期刊集成检索系统是集期刊浏览、期刊检索 2 种功能为一体的开放式的期刊集成系统。系统所收录的期刊资源主要源于 DOAJ，Socolar，cnpLINKer，Open Science Directory 等网络免费开放获取的科技期刊，目前收录期刊 4714 种，其中化学期刊 85 种（开放获取 25 种）。

(11) 中科院科技期刊开放获取平台 CAS-OAJ（http://www.oaj.cas.cn/cn/default.aspx） 中国第一个国家部委组织建设的开放获取期刊集成平台，目前收录了包括 103 种期刊，约 43.5 万篇文章的数据资源。平台提供了文章站内检索、跨库检索、按目次查看文章摘要信息、免费下载文章全文等功能。

(12) 中国科技论文在线（http://www.paper.edu.cn/） 科技论文在线目前有各类文献 57 万多篇，其中收录有关化学方面的论文 1595 篇，可免费下载全文。

(13) OA 图书馆（http://www.oalib.com/） 提供最新的 Open Access 资源，最全的 Open Access 资讯。目前可搜索 5000 多个 Open Access 资源，绝大部分文献可免费下载全文。

(14) Google Scholar（http://scholar.google.cn/） 这是 Google 于 2004 年底推出的专门面向学术资源的免费搜索工具，能够帮助用户查找包括期刊论文、学位论文、书籍、预印本、文摘和技术报告在内的学术文献，内容涵盖自然科学、人文科学、社会科学等多种学科。主要有以下几方面的资料来源：网络免费的学术资源；开放获取的期刊网站；付费电子资源提供商；图书馆链接。

(15) ScienceDirect Preprint Archive（http://www.sciencedirect.com/preprintarchive） ScienceDirect 平台提供计算机科学、数学、化学 3 个预印本文库。

(16) Vixra 预印本库（http://vixra.org/） Vixra 是一个新的预印本库，目前有 1732 篇电子文档，主要为物理、数学、生命科学、化学及人类学等学科，可以免费下载全文。

目前国内免费的有关化学期刊有：

中国化学快报（英文版）http://www.imm.ac.cn/journal/ccl.html；

国际网上化学学报 http://www.chemistry mag.org/；

中国科学——化学 http://www.scichina.com:8081/sciB/CN/volumn/current.shtml；

科学通报（中文版）http://www.scichina.com:8080/kxtb/CN/volumn/current.shtml#；

科学通报（英文版）http://www.scichina.com:8080/kxtbe/EN/volumn/current.shtml；

化学进展 http://www.progchem.ac.cn/CN/volumn/current.shtml；

自然科学进展 http://pub.nsfc.gov.cn/pinscn/ch/currentissue.aspx。

2.6 免费的化学化工专利信息

专利信息是科研重要的参考资源，专利中有 70% 的信息不可能从其他的技术文献中获得。在化学领域内的专利主要涉及有关化学组成、与化学有关的过程、各种物质的用途等，通过 Internet 可以查询一些国家的专利文献，有的可以免费下载全文，目前利用较多的免费专利数据库有如下一些。

(1) 欧洲专利数据库（http://ep.espacenet.com/） 该数据库由欧洲专利局及其成员国提供的免费专利检索数据库。该数据库收录时间跨度大、涉及的国家多，内容包括了欧洲专利局的专利、世界知识产权组织的专利、世界范围内的专利以及日本专利。该数据库更新速度较快，一般能检索到当月的专利文献。

(2) 美国专利数据库（http://www.uspto.gov/patft/index.html） 由 USPTO（美国专利商标局）建立的官方性网站，免费向互联网用户提供美国专利全文和图像。分为授权专利数据库和申请专利数据库两部分：授权专利数据库提供了 1790 年至今各类授权的美国专利，其中有 1790 年至今的图像说明书，1976 年至今的全文文本说明书（附图像链接）；申请专利数据库只提供了 2001 年 3 月 15 日起申请说明书的文本和图像，数据库每周更新一次。

(3) IBM 公司专利数据库（http://www.ibm.com/ibm/licensing/patents/） 1997 年 1 月，IBM 公司推出了向全球用户免费开放的查询美国专利信息的网上服务器，它收录了 1971 年以来的 200 多万篇美国专利，同时提供了 100 多万条欧洲专利和世界专利查询服务。

(4) 日本专利数据库（http://www.ipdl.inpit.go.jp/homepg_e.ipdl） 由日本特许厅工业产权数字图书馆（IPDL）在互联网上免费提供的日本专利全文检索系统。该系统收集了各种公报的日本专利（特许和实用新案），有英语和日语两种工作语言，英文版收录自 1993 年至今公开的日本专利题录和摘要，日文版收录 1971 年开始至今的公开特许公报，1885 年开始至今的特许发明明细书，1979 年开始至今的公表特许公报等专利文献。

(5) 国家知识产权局专利数据库（http://www.sipo.gov.cn/sipo2008/zljs/） 由中华人民共和国国家知识产权局面向公众提供的免费专利检索数据库。内容涵盖了 1985 年 9 月 10 日以来我国公布的全部中国专利信息，包括发明、实用新型和外观设计 3 种专利的著录项目及摘要，并可浏览到各种说明书全文及外观设计图形。数据每周更新一次。

(6) 中国专利信息网（http://www.patent.com.cn/） Internet 用户可以免费向该专利服务机构注册，注册后可见到有限的免费服务。通过预索可免费得到近期相关专利的题名、摘要，甚至是每篇专利的首面，这对跟踪国外专利上相关领域的最新进展颇有裨益。此外，在中国专利信息网上除可以检索中国专利外，还可以检索国外免费专利。

其他专利信息服务网站有：
中国专利信息中心专利数据库检索 http://search.cnpat.com.cn/Search/CN/;
香港知识产权署网上检索系统 http://ipsearch.ipd.gov.hk/index.html;
澳门特别行政区经济局 http://www.economia.gov.mo/web/DSE/public?_nfpb=

true& _ pageLabel=Pg _ ES _ AE _ QE _ PATENT&locale=zh _ CN;

台湾专利数据库 http://www.apipa.org.tw/;

世界专利信息试验检索平台 http://pat365.com/search.jsp;

世界知识产权组织 http://www.wipo.int/pctdb/en/;

德国专利商标局 http://www.dpma.de/patent/recherche/index.html;

澳大利亚专利数据库 http://www.ipaustralia.gov.au/patents/index.shtml;

英国专利数据库 http://www.patent.gov.uk/;

加拿大专利数据库 http://patents1.ic.gc.ca/intro-e.html;

法国专利数据库 http://www.inpi.fr;

新加坡专利 http://www.surfip.gov.sg/sip/site/sip _ home.htm;

韩国专利局 http://eng.kipris.or.kr/eng/main/main _ eng.jsp。

总之，Internet 上化学化工信息资源浩如烟海，只要科研人员时时留心，运用各种检索技术，与同行同事互相交流就会获得更多、更新的网上资源。科研人员还可以利用网上新闻组、网上论坛等方式与同行进行交流，获得更多信息，以获取更大的成功。

2.7 常用的翻译网站

语言障碍一直是困扰计算机用户的一个难题。如果你的英文欠佳，而在中文网站上你又找不到想要的资料，那么查找起来一定很麻烦。这时候就需要用翻译软件帮助我们理解信息。其实我们根本不用在计算机上安装那些庞大的即时翻译软件，互联网上就提供了很多优秀的免费在线翻译网站，它们可以提供十几种语言的互译功能，下面就给大家介绍几个比较好的网站。

（1）"世界通"网站：http://www.netat.net/ 通过"世界通"网站，可以将任意一个外国的网站翻译成中文，而且翻译的步骤非常简单，只需几秒钟就可以完成。该网站除了可以翻译英文的网站之外，还能翻译繁体中文和日文的网站。另外"世界通"网站还提供了"文件翻译"、"邮件翻译"、"双语搜索"等功能。

（2）"看世界"网站：http://www.readworld.com/ "看世界"翻译网站荟萃美国、英国等国家各类资讯，提供了英文网站的即时翻译服务，并且提供中文的"简繁翻译"、"文件翻译"、"邮件翻译"等功能。只要输入需翻译网站或网页的英文网址，该网站的机器翻译工具会在保持原来版面、格式不动的情况下自动将所需的网页翻译成中英文对照网页。如果将欲翻译的电子邮件转发到该网站的指定信箱 standard @ mailtran.readworld.com 中，那么该网站便会通过离线机器翻译功能，将翻译好的邮件发送至您的信箱中。另外该网站还提供了一个"看世界翻译精灵"软件，安装后，它会在你的 IE 浏览器的快捷栏中增加一个"翻译"的按钮。这样当浏览英文或中文 Big5 码网页时，可以随时点击此按钮利用该网站的机器翻译功能将该网页翻译，只可惜该软件只支持 IE5.0。

（3）"翻译、本地、全球化"网站 http://www.worldlingo.com/zh/microsoft/computer _ translation.html 该网站支持英国、法国、德国、俄国、日本、韩国、荷兰、西

班牙、意大利、葡萄牙等国家之间的语言互译，该网站的最大特点是可以选择不同的专业进行在线翻译，这样就有效地提高了在线翻译的准确性。它提供了"Web 站点自动翻译"、"文本自动翻译"、"专业人工翻译"、"专业文档翻译"、"电子邮件翻译"、"Web 站点本地化"等功能。另外该网站也提供了一个"IE 浏览器翻译工具"，它能将翻译功能添加到您的浏览器中，并使用 10 种语言中的任意一种浏览 Web 页面。

（4）"中国联通在线翻译"：http://www.165net.com 该网站支持英语、日语、俄语、德语、中文的互译功能，它为我们提供了"浏览翻译"、"即时翻译"、"上载翻译"、"邮件翻译"、"精细翻译"等功能。注意：该网站只支持中国联通宽带或 165 拨号上网的用户。

3 实验部分

3.1 电化学分析实验

实验一 离子选择性电极法测定水样中的微量氟

一、目的要求
1. 了解用 F^- 选择性电极测定水中微量氟的原理和方法。
2. 了解总离子强度调节缓冲溶液的组成和作用。
3. 掌握用标准曲线法测定水中微量 F^- 的方法。

二、实验原理

氟是自然界分布较广的元素,动植物组织中都有微量氟存在,主要来源为饮水和食物。人体摄入适量的氟有利于牙齿的健康,但摄入过多则有害,轻则造成斑釉牙,重则形成氟骨症,危害人身健康。

离子选择性电极的分析方法较多,基本的方法是标准曲线法和标准加入法。用氟电极测定 F^- 浓度的方法与测 pH 值的方法相似。以氟离子选择性电极为指示电极,甘汞电极为参比电极,插入溶液中组成电池,电池的电动势 E 在一定条件下与 F^- 活度的对数值成直线关系:

$$E = K - \frac{2.303RT}{F} \lg a_{F^-}$$

式中,K 值为包括内外参比电极的电位、液接电位等的常数。通过测量电池电动势可以测定 F^- 的活度。当溶液的总离子强度不变时,离子的活度系数为一定值,则

$$E = K' - \frac{2.303RT}{F} \lg c_{F^-}$$

E 与 F^- 浓度 c_{F^-} 的对数值成直线关系。因此,为了测定 F^- 的浓度,常在标准溶液与试样溶液中同时加入相等的足够量的惰性电解质作总离子强度调节缓冲溶液,使它们的总离子强度相同。氟离子选择性电极适用的范围很宽,当 F^- 的浓度在 $1.0 \sim 10^{-6}$ mol·L^{-1} 范围内时,氟电极电位与 pF(F^- 离子浓度的负对数)成直线关系。因此可用标准曲线法或标准加入法进行测定。

应该注意的是,因为直接电位法测得的是该体系平衡时的 F^-,因而氟电极只对游离 F^- 有响应。在酸性溶液中,H^+ 与部分 F^- 形成 HF 或 HF_2^-,会降低 F^- 的浓度。在碱性溶液中 LaF_3 薄膜与 OH^- 发生交换作用而使溶液中 F^- 浓度增加。因此溶液的酸度对测定有影响,氟电极适宜测定的 pH 范围为 $5.0 \sim 7.0$。

本实验采用标准曲线法测定试液中的氟含量。方法是:先将氟电极与饱和甘汞电极放在一系列含有不同浓度的 F^-(同时含有 TISAB 液)的标准溶液中,测定它们的电动势 E 并作出 E-

$-\lg c_{F^-}$ 图，在一定浓度范围内它是一条直线。然后在待测水样（含有与标准溶液同样的 TISAB 液）中，用同一对电极测其电动势（E_x），再从 $E-\lg c_{F^-}$ 图上找出 E_x 相应的浓度。

三、仪器与试剂

1. 仪器

PHS-2 型离子计，E-1 型氟离子选择电极，232 型饱和甘汞电极，电磁搅拌器，聚乙烯塑料瓶，容量瓶（50.00mL），吸量管（5.00mL），移液管（25.00mL）。

2. 试剂

（1）1.000×10^{-1} mol·L^{-1} F$^-$ 标准贮备液：准确称取 4.199gNaF（经 120℃烘干 2h，冷却至室温），放入烧杯中，用去离子水溶解后，转移到 1000.00mL 容量瓶中定容后，贮存在聚乙烯瓶中备用。

（2）总离子强度调节缓冲溶液（TISAB） 称取 60g NaCl、59g NaCit（柠檬酸钠）、102g NaAc 放入大烧杯中，再加入 14mL HAc、600mL 去离子水溶解，用 1mol·L^{-1} HAc 或 1mol·L^{-1} NaOH 调节溶液 pH=5.0～5.5，然后用去离子水定容为 1 L，贮存于塑料瓶中。

四、实验步骤

1. 氟电极的准备与 PHS-2 型离子计的调节

测定前应将氟电极放在 10^{-4} mol·L^{-1} F$^-$ 溶液中浸泡约 0.5h，然后再用去离子水清洗电极至空白电势为 -300mV 左右，最后浸泡在蒸馏水中待用。

2. 系列标准溶液的配制

在 50.00mL 容量瓶用吸量管移入 5.00mL 1.000×10^{-1} mol·L^{-1} F$^-$ 标准贮备液，加入 5.0mL TISAB 液，用去离子水稀释至刻度，摇匀即得 1.000×10^{-2} mol·L^{-1} F$^-$ 标准溶液。用逐级稀释方法依次在四个 50.00mL 容量瓶中配制 1.000×10^{-3}、1.000×10^{-4}、1.000×10^{-5}、1.000×10^{-6} mol·L^{-1} F$^-$ 标准溶液。

3. 标准溶液的测定

将上述的五种不同浓度的 F$^-$ 标准溶液，由低浓度到高浓度依次转入塑料烧杯中，插入氟电极和饱和甘汞电极，在电磁搅拌器搅拌 4min 后，停止搅拌 0.5min，开始读取电动势，然后每隔 0.5min 读一次数（记录 mV 数），直至 3min 内不变为止。

4. 水样的测定

准确吸取 25.00mL 水样于 50.00mL 容量瓶中，加入 5.00mL TISAB 液，用去离子水稀释至刻度，摇匀。在与标准溶液相同条件下测定其电动势（E_x）。

五、数据处理

1. 将 F$^-$ 系列标准溶液及待测水样所测得的电动势（E）列表。

2. 绘制标准曲线

以测得的标准溶液的电动势为纵坐标，以 $-\lg c_{F^-}$ 或 pF 为横坐标，绘制标准曲线。

3. 计算待测水样中氟的浓度

从标准曲线上查出 E_x 对应的 pF，从而可换算出水样中的氟的浓度。

六、注意事项

1. 氟离子选择性电极

(1) 电极的敏感膜应保持清洁和完好,切勿玷污或受到机械损伤。

(2) 进行测定时,电位平衡所需时间随氟离子浓度的降低而延长,因此,实际测定中必须待电位平衡后(在2min内无明显变化)方可读数。

(3) 测定时,应按溶液从稀到浓的次序进行。在浓溶液中测定后应立即用去离子水将电极清洗到空白电位值,再测定稀溶液,否则将严重影响电极的测量准确度(有迟滞效应)。并且避免电极在浓溶液中长时间浸泡,以免影响电极寿命。

(4) 电极长久不用时,应清洗至其电位为空白电位值。风干后保存。

2. 饱和甘汞电极

在使用前应拔去加KCl溶液小口的橡皮塞,以保持足够的液压差,使KCl溶液只能向外渗出,同时检查内部电极是否已浸于KCl溶液中,否则应补加。电极下端的橡皮套也应取下。它和甘汞电极使用后,用蒸馏水仔细清洗后,应再将两个橡皮套分别套好,装入电极盒内,防止盐桥液流出。

3. 安装电极时,两只电极不要彼此接触,电极下端离杯底应有一定的距离,以防止转动的搅拌子碰击电极下端。

4. 在稀溶液中,氟电极响应值达到平衡的时间较长,需等待电位值稳定后再读数。

七、思考题

1. 氟电极测定 F^- 的原理是什么?
2. 总离子强度调节缓冲溶液包含哪些组分?各组分的作用怎样?
3. 测定 F^- 浓度时为什么要控制在 $pH \approx 5.0$,pH值过高或过低有什么影响?
4. 氟电极在使用前应该怎样处理?使用后应该怎样保存?
5. 测定氟离子标准溶液时,为什么按从稀到浓的顺序进行测定?反之则如何?
6. 饮用水和食品中氟含量的多少对人的健康有何影响?试归纳说明环境中氟污染的来源。

实验二 水中 I^- 和 Cl^- 的连续测定(电位滴定法)

一、实验目的

1. 学会电位滴定中的 PHS-3B 型酸度计或 ZD-2 型自动电位计的使用方法。
2. 掌握电位滴定法连续测定水样中 I^-、Br^-、Cl^- 浓度的原理和方法。

二、实验原理

当滴定剂与水中数种被测离子生成的沉淀的溶度积差别较大时,可不预先分离而进行连续滴定。以银电极为指示电极,饱和甘汞电极为参比电极,用 $AgNO_3$ 标准溶液连续滴定水中同时存在的 I^-、Br^-、Cl^-。由于 $K_{sp,AgI}=8.3\times10^{-17}$,$K_{sp,AgBr}=4.95\times10^{-13}$,$K_{sp,AgCl}=1.77\times10^{-10}$,故滴定突跃的先后顺序是 I^-、Br^-、Cl^-。

本实验以水中同时存在 I^- 和 Cl^- 为例,学习这种方法。从它们的溶度积可知,当用 $AgNO_3$ 标准溶液滴定时,首先生成沉淀的是 AgI。

$$Ag^+ + I^- \longrightarrow AgI \downarrow (黄色)$$

随着 $AgNO_3$ 标准溶液的加入,当 $[Ag^+][Cl^-] \geqslant K_{sp,AgCl}$ 时,且水中 Cl^- 的含量不太高时,可认为 AgI 沉淀完全后,AgCl 才开始沉淀:

$$Ag^+ + Cl^- \longrightarrow AgCl \downarrow (白色)$$

用银电极为指示电极时，25℃时溶液中 Ag^+ 的活度（a_{Ag^+}）与电极电位的关系是

$$\varphi_{Ag^+/Ag} = \varphi^{\ominus}_{Ag^+/Ag} + 0.059 \lg[Ag^+] = \varphi^{\ominus}_{Ag^+/Ag} - 0.059 pAg$$

滴定至计量点附近 pAg 发生突跃，而引起银电极电位突变。如用饱和甘汞电极作参比电极与之组成原电池，则滴定过程中，计量点附近的 pAg 两次突跃便会引起电池的电动势两次突变而指示 I^- 和 Cl^- 的滴定终点。

应该指出，为了抑制卤化银对水中 Ag^+ 和卤素离子的吸附作用，可以在水样中加入 $Ba(NO_3)_2$ 或 KNO_3 溶液。

三、仪器与试剂

1. 仪器

PHS-3B 型酸度计，电磁搅拌器，铁芯玻璃搅拌棒若干，银电极，双盐桥饱和甘汞电极，酸式滴定管（50mL），烧杯（100mL）；量筒（50mL），移液管（25mL）。

2. 试剂

$0.05 mol \cdot L^{-1} AgNO_3$ 标准溶液，$Ba(NO_3)_2$ 或 KNO_3（AR）。

四、实验步骤

1. 准备

(1) 认真仔细阅读仪器使用说明书。接通电源，预热。

(2) 用移液管吸取 25mL 含 Cl^-、I^- 的水溶液，放入 100mL 烧杯中，加入 25mL 去离子水，加入 0.5g $Ba(NO_3)_2$ 固体，放入铁芯玻璃搅拌棒一根。

2. PHS-3B 型酸度计测定步骤

(1) 起始电池电动势的测定

① 将 Ag 电极和饱和甘汞电极用电极夹固定，分别与仪器的"+"端和"-"端相连并插入水溶液中。仪器置于"mV"挡。

② 开动电磁搅拌器，搅拌数分钟。按下读数开关调节分挡开关位置，使电表能指示出"mV"读数。分挡开关指示值加上电表指示值乘以 100 即为测定的毫伏数——起始电池电动势。

测量完毕，松开读数开关。

(2) 初测突跃范围：搅拌下，自滴定管缓慢滴入 $0.05 mol \cdot L^{-1} AgNO_3$ 溶液，仔细观察电池电动势的变化和 $AgNO_3$ 溶液的用量。当电池电动势变化较大时，放慢滴定速度，求出计量点的大致范围（准确到 1mL 范围内）。

滴定完用去离子水清洗电极。

(3) 另外取 I^-、Cl^- 的水样，根据初测计量点的大致范围，在电池电动势突跃范围前后，每次滴加 0.1mL $0.05 moL \cdot L^{-1} AgNO_3$，搅拌片刻，读取并记录相应的电池电动势，这样可准确地测出两个电位突跃所对应的 $AgNO_3$ 溶液消耗的体积。再重复测定一份水样。

3. ZD-2 型自动电位滴定计测定的步骤

ZD-2 型自动电位滴定计的面板结构如图 3-1 所示。

(1) 将银电极和饱和甘汞电极用电极夹固定，分别与仪器的"+"端及"-"端相连，将滴定开关放在"-"位置上。把滴定毛细管插入水样中，管端与电极下端应在同一

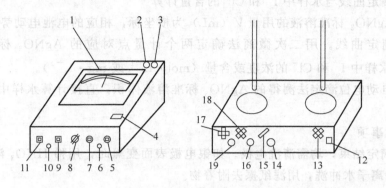

图 3-1　ZD-2 型自动电位滴定计
1—指示电表；2—甘汞电极接线柱；3—玻璃电极插孔；4—读数开关；5—校正器；
6—电源指示灯；7—温度补偿调节器；8—选择器；9—预定终点调节器；10—滴液开关；
11—预控制调节器；12—滴定开始按钮；13—工作开关；14—终点指示灯；15—转速调节器；
16—滴定指示灯；17—搅拌开关；18—电磁阀选择开关；19—搅拌指示灯

水平位置。用电磁搅拌器搅拌数分钟，测定起始电池电动势。

（2）采用手动操作方式，与使用 PHS-3B 操作步骤 2. 中（2）一样进行初测。根据所得数据，用作图法或计算法，求出两个计量点的电池电动势 $E_{sp,1}$ 和 $E_{sp,2}$，即可对一批同样的水样进行自动电位滴定。

（3）自动电位滴定法的操作步骤

① 将选择器旋到"终点"位置，按下读数开关，旋转预定终点调节器，使电表指针在 $E_{sp,1}$ 值。然后将旋转钮转到"mV"位置。

② 将滴定装置的工作开关调到"滴定"位置。

③ 取一份水样。将电极和毛细管一起插入水样中，开始搅拌。

④ 按下滴定开始开关至滴定指示灯和终点指示灯同时亮，自动滴定开始。

⑤ 当滴定器终点指示灯熄灭，读取并记录消耗 $AgNO_3$ 溶液的体积 V_1，即为滴定 I^- 的 $AgNO_3$ 溶液用量。

⑥ 按同样方法，预设第二个计量点的电池电动势 $E_{sp,2}$ 值。使仪器自动滴定至终点，读取并记录 $AgNO_3$ 溶液的用量 V_2，即为滴定 Cl^- 的 $AgNO_3$ 溶液的用量。

按同样方法重复测定一次。

4. 测定结束后，切断仪器电源，清洗电极和滴定管，用滤纸擦干银电极，放回电极盒。

五、数据处理

1. 按下表内容逐项记录与计算

V_{AgNO_3} /mL	E /mV	ΔE /mV	ΔV /mL	$\Delta E/\Delta V$	$\Delta^2 E/\Delta V^2$

2. 绘制滴定曲线与水样中 I^- 和 Cl^- 的含量计算

以滴入 $AgNO_3$ 标准溶液的用量 V（mL）为横坐标，相应的电池电动势 E（mV）为纵坐标绘制滴定曲线。用二次微商法确定两个计量点对应的 $AgNO_3$ 标准溶液体积 (mL)，计算水样中 I^- 和 Cl^- 的浓度或含量（$mol \cdot L^{-1}$ 或 $mg \cdot L^{-1}$）。

3.

应用自动电位滴定法测得的 $AgNO_3$ 标准溶液体积，直接计算水样中 I^- 和 Cl^- 的含量或浓度。

六、注意事项

1. 每次滴定结束，均需清洗电极。如银电极表面变黑时，用稀 HNO_3 溶液浸泡几秒钟，然后用去离子水冲洗，用滤纸擦去附着物。

2. 滴定过程中，接近计量点时，往往电位平衡比较慢，要注意读取平衡电位值。

七、思考题

本实验中，$K_{sp,AgI} < K_{sp,AgCl}$，所以用 $AgNO_3$ 溶液滴定水中 I^- 和 Cl^- 时，AgI 首先沉淀，而 AgCl 后沉淀。能否得出凡溶度积小的就先沉淀的结论？为什么？

实验三　水中 Ca^{2+}、Mg^{2+} 的连续滴定——电位滴定法

一、实验目的

1. 学会电位滴定仪的使用方法。
2. 掌握电位滴定法测定水样中 Ca^{2+}、Mg^{2+} 的原理和方法。

二、实验原理

电位滴定法是在滴定过程中通过测量电位变化以确定滴定终点的方法，和直接电位法相比，电位滴定法不需要准确测量电极电位值，因此，温度、液体接界电位的影响并不重要，其准确度优于直接电位法。普通滴定法是依靠指示剂颜色变化来指示滴定终点，如果待测溶液有颜色或浑浊时，终点的指示就比较困难，或者根本找不到合适的指示剂。电位滴定法是靠电极电位的突跃来指示滴定终点。在滴定到达终点前后，滴液中的待测离子浓度往往连续变化 n 个数量级，引起电位的突跃，被测成分的含量仍然通过消耗滴定剂的量来计算。

使用不同的指示电极，电位滴定法可以进行酸碱滴定、氧化还原滴定、配位滴定和沉淀滴定。酸碱滴定时使用 pH 玻璃电极为指示电极；在氧化还原滴定中，可以用铂电极作指示电极；在配位滴定中，若用 EDTA 作滴定剂，可以用汞电极作指示电极；在沉淀滴定中，若用硝酸银滴定卤素离子，可以用银电极作指示电极。在滴定过程中，随着滴定剂的不断加入，电极电位 φ 不断发生变化，电极电位发生突跃时，说明滴定到达终点。用微分曲线比普通滴定曲线更容易确定滴定终点。

如果使用自动电位滴定仪，在滴定过程中可以自动绘出滴定曲线、自动找出滴定终点、自动给出体积，滴定快捷方便。

水的总硬度即水中钙镁总量的测定，水硬度是表示水质的一个重要指标，对人们生活用水和工业用水关系很大，水的硬度过低或过高都不利于人体健康和工业生产。水中钙镁含量的测定方法主要有 EDTA 配位滴定法、电位滴定法、离子选择性电极法、原子吸收法、离子色谱法、电感耦合等离子体发射光谱法等。本文提出在乙酰丙酮的 Tris 缓冲溶液的条件下，以钙离子选择性电极为指示电极，EDTA 为滴定剂，自动电位滴定法直接连

续滴定水中钙镁离子。

EDTA 滴定 Ca^{2+}、Mg^{2+} 混合溶液时,可分别得到钙/镁的滴定终点。乙酰丙酮(HAA)为一元弱酸,在水溶液中的 $pK_a = 8.9$,与 Mg^{2+} 配位的各级平衡常数为 $lgK_1 = 3.54$、$lgK_2 = 2.41$,乙酰丙酮在 pH 为 10.0 时的酸效应常数 $lg\alpha_H$ 为 0.03,而 Mg^{2+} 与 EDTA 配位的平衡常数 lgK 为 8.7。滴定开始时,Mg^{2+} 首先与 HAA 配位生成 $Mg(AA)_2$,当加入 EDTA 时,Ca^{2+} 首先与 EDTA 反应,当 Ca^{2+} 反应完时,出现第一个电位突跃点(E_{P1});继续添加 EDTA,由于 MgEDTA 的配位平衡常数比 $Mg(AA)_2$ 的配位平衡常数大,则 EDTA 将与 $Mg(AA)_2$ 中的 Mg^{2+} 反应,当 $Mg(AA)_2$ 中的 Mg^{2+} 被反应完时,将出现第二个电位突跃点。第一个电位突跃点(E_{P1})对应的是钙的含量,第二个电位突跃点(E_{P2})与第一个电位突跃点(E_{P1})的差值对应的是镁的含量,从而实现混合溶液中 Ca^{2+}、Mg^{2+} 的连续测定。

$$Mg^{2+} + 2HAA \longrightarrow Mg(AA)_2 + 2H^+$$
$$Ca^{2+} + EDTA \longrightarrow CaEDTA$$
$$Mg(AA)_2 + EDTA \longrightarrow MgEDTA + 2AA^-$$

在乙酰丙酮-Tris 介质中,一方面由于乙酰丙酮可掩蔽 Fe^{3+}、Al^{3+}、Cu^{2+} 等的干扰,另一方面由于辅助配位剂乙酰丙酮的 Tris 缓冲溶液可以掩蔽和解蔽 Mg^{2+},使得滴定时可分别得到钙镁的两个滴定终点,从而实现混合溶液中 Ca^{2+}、Mg^{2+} 的连续测定。因此,本实验选用的 pH=10.0 的乙酰丙酮-Tris 缓冲体系作为滴定实验的反应介质。

三、仪器与试剂

1. 仪器

自动电位滴定仪(瑞士万通),钙离子选择性电极,Ag/AgCl 参比电极。

2. 试剂

$0.020 mol \cdot L^{-1}$ EDTA 标准溶液;辅助配位剂溶液:$0.035 mol \cdot L^{-1}$ 三羟基氨基甲烷(Tris)-$0.055 mol \cdot L^{-1}$ 乙酰丙酮(HAA)溶液。

四、实验步骤

1. 接通自动电位滴定仪电源,预热。
2. 准确量取 50.00mL 水样于 100mL 烧杯中,加入 20mL 辅助配位剂溶液,混匀。
3. 按照仪器测定步骤将电极插入溶液中,连接自动电位滴定仪,开始用 EDTA 标准溶液滴定,仪器自动记录加入滴定剂过程中指示电极指示的不断变化的电位,并绘制 E-V 曲线,根据电位突跃最终确定滴定终点。
4. 测定结束后,切断仪器电源,清洗电极和滴定管,用滤纸擦干银电极,放回电极盒。

五、数据处理

1. 按下表记录数据与计算。

V_{EDTA}/mL	E/mV	ΔE/mV	ΔV/mL	$\Delta E/\Delta V$	$\Delta^2 E/\Delta V^2$

2. 绘制 Ca^{2+}、Mg^{2+} 滴定曲线与水样中 Ca^{2+}、Mg^{2+} 的含量计算。

六、注意事项
1. 每次滴定结束，均需清洗电极。
2. 滴定过程中，接近计量点时，往往电位平衡比较慢，要注意读取平衡电位值。

七、思考题
1. 本实验采用的新方法与传统的水样中 Ca^{2+}、Mg^{2+} 的滴定方法有什么区别？
2. 乙酰丙酮-Tris 缓冲溶液与氨性缓冲溶液相比有何优点？

实验四 酸碱滴定——自动电位滴定法

一、实验目的
1. 掌握电位滴定的原理。
2. 利用自动电位滴定法测定 NaOH 的浓度。
3. 掌握自动滴定电位仪的操作。

二、实验原理
自动电位滴定法是利用电位的突变来指示终点。强酸滴定强碱时，利用指示电极把溶液中氢离子浓度的变化转化为电位的变化来指示滴定终点。

本实验以 HCl 为滴定剂，基于与 NaOH 的酸碱反应进行 NaOH 浓度的测定。滴定过程中，溶液的 pH 值发生变化，pH 复合电极作为指示电极，将电位的变化转化为 pH 的变化，滴定过程中，仪器实时记录实验数据，滴定结束后仪器显示滴定终点。

三、仪器与试剂
1. 仪器

瑞士万通自动电位滴定仪，10mL 移液管，吸耳球，滴定管，洗瓶。

2. 试剂

$0.1mol \cdot L^{-1}$ 的 HCl，未知浓度的 NaOH 溶液。

四、实验步骤
1. 准备工作

（1）开启滴定仪电源及计算机，进行相关参数设定。

（2）自动电位滴定仪的清洗：将导管插入洗液瓶中，按清洗键设定清洗次数为 3，先用蒸馏水清洗滴定管三次。

（3）搅拌速度的设定：按搅拌键，出现搅拌界面，设定，输入搅拌速度数值，确定。

2. 测定工作

（1）$0.1mol \cdot L^{-1}$ HCl 的配制：9mL 浓盐酸稀释至 1000mL。

（2）HCl 溶液的标定：根据 GB/T 601—2002《化学试剂标准滴定溶液的制备方法》进行。取灼烧恒重的工作基准试剂无水碳酸钠 1.9g 溶于 500mL 无 CO_2 水中。

（3）HCl 滴定 NaOH：移取 10.00mL 未知浓度的 NaOH 溶液于干净的滴定管中，加蒸馏水至 40mL 左右，放置在自动电位滴定仪的滴定台处，将导管插入标定液中，通过计算机软件的操作，进入设置好的 HCl 滴定 NaOH 模式，开始滴定。滴定完毕后读取数据；重复滴定三次。

（4）蒸馏水清洗滴定管三次，关闭仪器。冲洗 pH 复合电极，在 pH 复合电极盖中加入饱和氯化钾溶液,将 pH 复合电极插入盖子中。

五、数据处理

1. 计算 NaOH 的浓度

$V_{NaOH}=10.00\text{mL}$　　$c_{HCl}=0.1000\text{mol}\cdot\text{L}^{-1}$

项目	1	2	3	平均值
V_{HCl}/mL				
$c_{NaOH}/\text{mol}\cdot\text{L}^{-1}$				

2. 计算标准偏差

$$S=\sqrt{\frac{\sum(c_i-c)^2}{n-1}}$$

3. 计算相对标准偏差

$$S_r=S/c\times100\%$$

六、注意事项

1. 实验开始前,一定要将仪器清洗干净,然后润洗。
2. 滴定过程中,搅拌很重要,要设置充分的搅拌系数。
3. 重复滴定时,每次都要用蒸馏水冲洗电极玻璃膜,并用吸水纸吸干。

七、思考题

1. 自动电位滴定仪目前还能应用于哪些行业?
2. 自动电位滴定仪能否用于测定有毒有害气体如 NH_3、H_2S 等?

实验五　库仑滴定法测定微量砷

一、实验目的

1. 了解恒电流库仑法的基本原理。
2. 掌握库仑滴定的基本原理和实验操作。
3. 学习恒电流库仑滴定中的终点指示法。

二、实验原理

库仑滴定法是建立在控制电流电解过程基础上的一种相当准确而灵敏的分析方法,可用于微量分析及痕量物质的测定。与待测物质起定量反应的"滴定剂"由恒电流电解在试液内部产生。库仑滴定终点借指示剂或电化学方法指示。按法拉第定律算出反应中消耗"滴定剂"的量,从而计算出砷的含量。

本实验用双铂片电极在恒定电流下进行电解,在铂阳极上 KI 中的 I^- 可以氧化成 I_2。

在阳极　　　　　　　$2I^- \longrightarrow I_2 + 2e^-$

在阴极　　　　　　　$2H^+ + 2e^- \longrightarrow H_2 \uparrow$

在阳极上析出的 I_2 是氧化剂,可以氧化溶液中的 As(Ⅲ),此化学反应为:

$$I_2 + AsO_3^{3-} + H_2O \longrightarrow AsO_4^{3-} + 2I^- + 2H^+$$

滴定终点可以用淀粉作指示剂,即产生过量的碘时,能使有淀粉的溶液出现蓝色。也可用电流-上升的方法(死停法),即终点出现电流的突跃。

滴定中所消耗 I_2 的量，可以从电解析出 I_2 所消耗的电量来计算，电量 Q（A·s）可以由电解时恒定电流 I 和电解时间 t 来求得：$Q=It$

本实验中，电量可以从 KLT-1 型通用库仑仪的数码管上直接读出。

砷的含量可由下式求得：

$$W = \frac{ItM}{96487n} = \frac{QM}{96487n}$$

式中，M 为砷的相对原子质量，74.92；n 为砷的电子转移数。

I_2 与 AsO_3^{3-} 的反应是可逆的，当酸度在 $4mol \cdot L^{-1}$ 以上时，反应定量向左进行，即 H_2AsO_4 氧化 I^-；当 pH>9.0 时，I_2 发生歧化反应，从而影响反应的计量关系。故在本实验中采用 NaH_2PO_4-NaOH 缓冲体系来维持电解液的 pH 在 7.0~8.0 之间，使反应定量地向右进行，即 I_2 定量地氧化 H_3AsO_3。水中溶解的氧也可以氧化 I^- 为 I_2，从而使结果偏低。故在准确度要求较高的滴定中，需要采取除氧措施。为了避免阴极上产生的 H_2 的还原作用，应当采用隔离装置。

三、仪器与试剂

1. 仪器

KLT-1 型通用库仑仪，10mL 量筒，0.5mL、5mL 移液管。

2. 试剂

（1）磷酸缓冲溶液　称取 7.8g $NaH_2PO_4 \cdot 2H_2O$ 和 2g NaOH，用去离子水溶解并稀释至 250mL（$0.2mol \cdot L^{-1} NaH_2PO_4$；$0.2mol \cdot L^{-1} NaOH$）。

（2）$0.2mol \cdot L^{-1}$ 碘化钾溶液　称取 8.3g KI，溶于 250mL 去离子水中即得。

（3）砷标准溶液　准确称取 0.6600g As_2O_3，以少量去离子水润湿，加入 NaOH 溶液搅拌溶解，稀释至 80~90mL。用少量 H_3PO_4 中和至溶液近于 pH 7，然后转移至 100mL 容量瓶中稀释至刻度，摇匀。此溶液浓度为砷 $5.00mg \cdot mL^{-1}$，使用时可进一步稀至 $500\mu g \cdot mL^{-1}$。

四、实验步骤

1. 调好通用库仑仪。
2. 开启电源开关预热 0.5h。
3. 取 10mL $0.2mol \cdot L^{-1}$ KI、10mL 磷酸缓冲溶液，放于电解池中，加入 20mL 蒸馏水，加入含砷水样 5.00mL，将电极全部浸没在溶液中。
4. 终点指示选择电流-上升。
5. 按下电解按钮，灯灭，开始电解。数码管上开始记录电量数（mC）。
6. 电解完毕后，记下所消耗的电量数（mC）。
7. 再在此电解液中加入 5.00mL 含砷水样，再做一次电解得到第二个电量数（mC），如此重复 4 次，得到 4 个电量数（mC）。
8. 舍去第一次的数据，取后三个的平均值，计算水样中的 As 量。以 As（$mg \cdot mL^{-1}$）或 As_2O_3（$mg \cdot mL^{-1}$）表示。

五、数据处理

1. 按下表记录每次测量的相关的数据

电解次数	样品量	电解电流	电量数
1			
2			
3			
4			

2. 按法拉第电解定律公式计算待测样品中砷的含量。

六、思考题

1. 0.1A 电流通过氰化亚铜溶液 2h，在阴极上析出 0.4500g 铜，试求此电解池的电流效率。

2. 库仑滴定的基本要求是什么？双铂电极为什么能指示终点？

实验六　单扫描示波极谱法测定铅和镉

一、实验目的

1. 了解单扫描示波极谱的原理及其特点。
2. 初步掌握 JP-2 型示波极谱仪的使用方法。
3. 学会用单扫描示波极谱法测定铅和镉的方法。

二、实验原理

单扫描极谱法是在一个汞滴长成的后期，当汞滴的面积基本保持恒定时，把滴汞电极的电位从一个数值线性改变到另一个数值，同时用示波器观察电流随电位的变化，电流随电位变化的 i-E 曲线直接从示波管荧光屏上显示出来。

由于单扫描示波极谱加在滴汞电极上的电压变化速度快（一般为 $0.25V \cdot s^{-1}$，而普通极谱一般为 $0.2V \cdot min^{-1}$），当达到待测物质的析出电位时，该物质迅速在电极上还原，产生很大的电流；在快速极化条件下，由于电极附近待测物的浓度急剧降低，扩散层厚度随之逐渐增大，溶液主体中的可还原物质又来不及扩散到电极上，因此电流下降。这样极谱曲线出现了尖峰。对于可逆电极反应过程，可用峰电流方程式来表示：

$$i_p = K n^{3/2} q_m^{2/3} t^{2/3} D^{1/2} v^{1/2} c$$

式中，v 为扫描速率，即电压变化率，$V \cdot s^{-1}$；t 为出现电流峰的时间，s；i_p 为峰电流，μA；K 为常数；n 为电极反应电子转移数；D 为被测组分的扩散系数，$cm^2 \cdot s^{-1}$；q_m 为汞滴流量，$mg \cdot s^{-1}$；c 为被测物的浓度，$mmol \cdot L^{-1}$。

在一定的实验条件下，峰电流 i_p 与被测物质的浓度 c 呈正比，即

$$i_p = kc$$

三、仪器与试剂

1. 仪器

JP-2A 型或 JP-1A 型示波极谱仪。

2. 试剂

$1.00 \times 10^{-3} mol \cdot L^{-1}$ Cd^{2+} 标准溶液，$1.00 \times 10^{-3} mol \cdot L^{-1}$ Pb^{2+} 标准溶液，$4mol \cdot L^{-1}$ 盐酸，$5g \cdot L^{-1}$ 明胶溶液。

四、实验步骤

1. 准确吸取用滤纸过滤的含 Cd^{2+}、Pb^{2+} 水样 25.00mL 于 50mL 容量瓶中,加入 15mL $4mol \cdot L^{-1}$ HCl 溶液、1.00mL $5g \cdot L^{-1}$ 明胶溶液。用蒸馏水稀释至刻度,备用。

2. 吸取上述溶液 10.00mL 于小烧杯中,以 $-0.30V$ 为起始电位于示波极谱仪上测量镉和铅的阴极导数极谱波,读取其波高值。

3. 在上述测量溶液中,分别加入 1.00×10^{-3} $mol \cdot L^{-1}$ 的镉和铅的标准溶液各 0.30mL,搅匀后同操作 2,测量镉、铅的阴极导数波。

五、数据处理

根据标准加入法公式计算水样中镉和铅的浓度。

$$c = \frac{c_s V_s h}{(V_x + V_s)H - hV_x}$$

式中,c 为被测物质在试液中的浓度;V_x 为试液的体积;c_s 为加入标准溶液的浓度;V_s 为加入标准溶液的体积;h 和 H 分别为加入标准溶液前后的峰高。

六、思考题

1. 比较单扫描极谱法与经典极谱法的异同点。
2. 单扫描极谱法在测定中为什么不需除氧?
3. 单扫描极谱图为什么出现尖峰状?

实验七 循环伏安法判断电极过程

一、实验目的

1. 掌握循环伏安法的基本原理。
2. 学会从循环伏安曲线分析电极过程特征。
3. 学习电化学工作站循环伏安法功能的使用方法。

二、实验原理

循环伏安法(CV)是最重要的电分析化学研究方法之一,已被广泛地应用于化学、生命科学、能源科学、材料科学和环境科学等领域中相关体系的测试表征。由于 CV 测试比较简单,所获信息量大,常常是进行实验的首选方法。

CV 法研究体系是由工作电极(working electrode,WE)、参比电极(reference electrode,RE)和对电极(counter electrode,CE,也常称为辅助电极)构成的三电极系统。因为 RE 上流过的电流总是接近于零,所以 RE 的电位在 CV 实验中几乎不变,因此 RE 是实验中 WE 电位测控过程中的稳定参比。WE 和对电极间的电位差可能很大,以保证能成功地施加上所设定的 WE 电位(相对于 RE)。电解池中的电解液包括:氧化还原体系(常用的浓度范围:$mmol \cdot L^{-1}$)、支持电解质(浓度范围:$mol \cdot L^{-1}$)。

循环伏安测定方法 工作电极相对于参比电极的电位在设定的电位区间内随时间进行循环的线性扫描,如图 3-2 表明了施加电压的变化方式:起始电位为 aV,线性扫描到 bV,再电位负扫到 aV,电位对时间形成三角波,即电位随时间成正比或反比。其正斜率就是 CV 实验的电位扫描速率,简称扫速。设电极反应为 $O+ne^- \rightleftharpoons R$(O 表示氧化态物质,R 表示还原态物质),当扰动信号为图 3-2 三角波电位时,所得的典型循环伏安图如图 3-3 所示。从图可知,起始电位为 aV,沿正电位扫描,当电位向正方向增到一定值

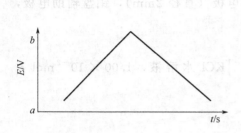

图 3-2　电位-时间曲线

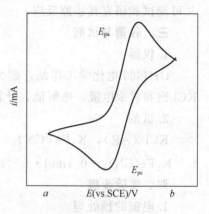

图 3-3　循环伏安图

时，反应物开始在电极表面发生氧化反应 R$-ne^-\longrightarrow$O，产生氧化电流，电流随电位的增加而上升。当电位增加到某一值时，电流达到最大值，电位继续增大时，使扩散层厚度增加，这时电流开始下降，因而出现具有峰电流的电流-电位曲线。当电位从 b 扫向 a 时，此时电极附近，积聚的氧化态产物 R 随着电位的负移而逐渐被还原 O$+ne^-\longrightarrow$R，其过程与正向扫描相似，所得电流-电位曲线出现峰形。

循环伏安图中可得到的几个重要参数是：阳极峰电流（i_{pa}），阴极峰电流（i_{pc}），阳极峰电位（E_{pa}）和阴极峰电位（E_{pc}）。

对可逆电极反应（即能够和工作电极迅速交换电子的氧化还原电对），两峰之间的电位差满足：

$$\Delta E_p = E_{pa} - E_{pc} \approx \frac{0.056}{n}$$

阴阳极峰电流满足

$$\frac{i_{pa}}{i_{pc}} \approx 1$$

上两式是判断电极反应是否是可逆体系的重要依据。

对平板线性扩散所控制的可逆电极反应（即电子交换速率总大于溶液中电活性物质的扩散速率），如 Randle-Sevcik 方程成立，

$$i_p = 2.69 \times 10^5 n^{3/2} A D^{1/2} v^{1/2} c$$

式中，i_p 为峰电流，A；n 为电子数；A 为电极面积，cm^2；D 为扩散系数，cm^2·s^{-1}；c 为浓度，mol·cm^{-3}；v 为扫描速率，V·s^{-1}。

根据上式，i_p 随 $v^{1/2}$ 的增加而增加，并和浓度成正比。

综上所述，分析 CV 实验所得到的电流-电位曲线（伏安曲线）可以获得溶液中或固定在电极表面的组分的氧化和还原信息，电极｜溶液界面上电子转移（电极反应）的热力学和动力学信息，以及电极反应所伴随的溶液中或电极表面组分的化学反应的热力学和动力学信息。与只进行电位单向扫描（电位正扫或负扫）的线性扫描伏安法（linear scan voltammetry，LSV）相比，循环伏安法是一种控制电位的电位反向扫描技术，所以，只需要做 1 个循环伏安实验，就可既对溶液中或电极表面组分电对的氧化反应进行测试和研究，

又可测试和研究其还原反应。

三、仪器与试剂

1. 仪器

CHI660 电化学工作站，磁力搅拌器，金盘工作电极（直径 2mm），铂盘辅助电极，KCl 饱和甘汞电极，电解池，计算机及打印机。

2. 试剂

KCl（AR），$K_3Fe(CN)_6$（AR），$1.0 mol \cdot L^{-1}$ KCl 水溶液，$1.00 \times 10^{-2} mol \cdot L^{-1} K_3Fe(CN)_6 + 0.1 mol \cdot L^{-1}$ KCl 水溶液。

四、实验步骤

1. 电极的预处理

（1）将金盘工作电极先后在 2000 目、12000 目的细砂纸上轻轻擦拭至光亮，充分水洗，空气吹干后备用。

（2）检查 KCl 饱和甘汞电极的内参比溶液（饱和 KCl 水溶液）的液面高度，要求内参比溶液与参比电极接通。

2. 开机准备

（1）打开 CHI660 电化学工作站、计算机的电源开关，预热几分钟。

（2）打开计算机，在指定文件夹 "CV 实验" 中，建立两级子文件夹。建议以日期、姓名或学号来命名。

（3）打开 CHI660 软件，单击 Setup/Techniques，选择 CyclicVoltammetry，"OK"。

（4）单击 Setup/Parameters，设置实验参数，"OK"。[一般只需设置 "init E"（V），高电位 "Hight E"（V）、"low E"（V）以及精密度 "Sensitivity（A/V）"，其余为默认值。]

（5）单击 "▲"，开始实验。

3. 变浓度实验

准确移取 $1.00 \times 10^{-2} mol \cdot L^{-1} K_3Fe(CN)_6 + 0.1 mol \cdot L^{-1}$ KCl 水溶液 20.00、2.00、0.200mL 分别放入 3 个 200mL 容量瓶中，用 $1.0 mol \cdot L^{-1}$ KCl 水溶液定容，摇匀，即得到浓度分别为 1.00×10^{-3}、1.00×10^{-4}、$1.00 \times 10^{-5} mol \cdot L^{-1} K_3Fe(CN)_6$ 的水溶液。

将上述配好的系列浓度以及 $1.00 \times 10^{-2} mol \cdot L^{-1} K_3Fe(CN)_6 + 0.1 mol \cdot L^{-1}$ KCl 水溶液逐个转入 100mL 的电解池中，插入 WE、CE、RE 到溶液中，将电极连接到电化学工作站（绿线接 WE，红线接 CE，白线接 RE）。

以扫描速率 $20 mV \cdot s^{-1}$ 从 +0.80~0.20V 扫描，以合适的文件名保存 CV 测试结果，并记录各浓度下的峰电位、峰电流和峰电位间距。

4. 变扫速实验

在以上实验结束后的 $1.00 \times 10^{-3} mol \cdot L^{-1} K_3Fe(CN)_6$ 溶液中，改变扫描速率，依次取 10、20、40、80、100、$200 mV \cdot s^{-1}$，进行 CV 测试，保存 CV 测试结果，并记录各扫速下的峰电位、峰电流和峰电位间距。

5. 实验完毕，关闭电源，拔下电源开关。

五、数据处理

1. 绘制出同一扫描速率下的 $K_3Fe(CN)_6$ 浓度（c）同 i_{pa} 与 i_{pc} 的关系曲线图，说明电流和浓度之间的关系。

2. 绘制出同一 $K_3Fe(CN)_6$ 浓度下 i_{pa} 和 i_{pc} 与相应 $v^{1/2}$ 的关系曲线图，说明电流和扫描速率之间的关系。

3. 计算 i_{pa}/i_{pc} 和 ΔE_p 值，从实验结果说明 $K_3Fe(CN)_6$ 在 KCl 溶液中电极过程的可逆性。

六、注意事项

1. 工作电极表面必须仔细清洗，否则严重影响循环伏安图形。

2. 每次扫描之间，为使电极表面回复初始状态，应将电极提起后再放入溶液中；或将溶液搅拌，等溶液静置 1～2min 后再扫描。

3. 电极千万不能接错，本实验中也不能短路，否则会导致错误结果，甚至烧坏仪器。

4. 在进行 CV 测试中，不能移动电极，否则会影响仪器的使用寿命。

七、思考题

电位扫描范围，对测定结果有何影响？是否电位范围越大，测得的结果越好？

3.2 色谱分析实验

实验八 薄层色谱分离鉴定有机化合物

一、目的与要求

1. 了解薄层色谱法的基本原理。
2. 熟悉薄层色谱法的基本操作。

二、实验原理

薄层色谱法是一种微量、快速、简易、灵敏的分析方法，其原理为吸附色谱或分配色谱。吸附色谱是利用混合物中各组分被吸附剂吸附能力的不同以及在流动相中溶解度的不同而使之分离。分配色谱则是利用混合物中各组分在固定相和流动相中的分配系数不同而使之分离。其特点是将吸附剂（固定相）均匀地铺在玻璃板上制成薄层，把欲分离的试样点加在薄层上，然后用合适的溶剂展开，通过化合物自身颜色或显色剂显色后，在板上出现一系列斑点，从而达到分离鉴定和定量测定的目的。

通常用比移值（R_f）表示溶质（样品）移动和展开剂（流动相）移动的关系。如图 3-4 所示：在一定条件下（溶剂组成、温度、薄板的性质等）R_f 值为常数，借此可作为分析的依据。R_f 值可由下式得到：

$$R_f = \frac{展开后斑点中心到原点中心之间的距离}{原点中心与溶剂前沿之间的距离}$$

化合物 A 的 $R_f = \dfrac{a}{c}$

化合物 B 的 $R_f = \dfrac{b}{c}$

式中，a，b 分别为展开后化合物 A 和 B 斑点

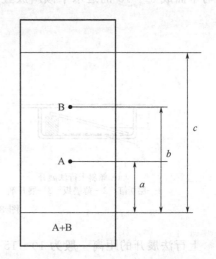

图 3-4 薄层色谱图

中心到原点中心的距离，cm；c 为原点中心与溶剂前沿之间的距离，cm。R_f＜1，若 R_f＝0 表明溶质不能移动。物质间的 R_f 值相差越大，分离的效果越理想。

三、仪器与试剂

1. 仪器

研钵，布氏漏斗，色谱缸（或 500mL 大烧杯），玻璃板（或载玻片），平口毛细管。

2. 试剂

硅胶 H，羧甲基纤维素钠溶液（0.5％），1％邻硝基苯酚、对硝基苯酚的二氯甲烷溶液及二者的 1∶1 混合溶液。

四、实验步骤

1. 制板及活化

称取适量硅胶 H，置于干净的研钵中，按照每克硅胶 H 2.5～3mL 溶剂的比例加入 0.5％羧甲基纤维素钠溶液，立即研磨，调成糊状。可采用平铺法进行铺板：将调制好的薄层糊倒在备用的玻璃板上（注意在玻璃板的背面的一端做好标记，该端不要浸入展开剂），用玻璃棒初步摊开，用拇指和食指抓住玻璃板一端，在桌面上反复振动数次，待薄层糊铺展均匀后，平放在平台上即可。薄层厚度一般为 1～3mm。薄层板室温下晾干，置于 110℃烘箱中活化 30min，取出稍冷后置于干燥器中干燥、备用。

2. 点样

在距薄层板一端约 1 cm 处用铅笔轻轻画出一条水平横线作为起始线。用平口毛细管吸取样品溶液在起始线上点样。用另外两根毛细管分别吸取邻硝基苯酚、对硝基苯酚的二氯甲烷溶液也在起始线上点样。每两个样点之间的距离应不小于 1 cm。若溶液太稀，可在溶剂挥发后再在原处重复点样，样品点直径应＜2mm。

3. 展开

采用上行法展开：这是最常用的一种展开方式，将点有样点的薄层端向下浸入展开剂（0.5cm 厚）中，上端以倾斜状或垂直状靠在内壁或支架上 [图 3-5（b）]。如果是干板只能与平面成 5°～10°的近水平倾斜放置 [图 3-5（a）]。

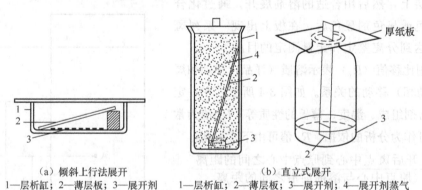

（a）倾斜上行法展开　　　　　　（b）直立式展开
1—层析缸；2—薄层板；3—展开剂　　1—层析缸；2—薄层板；3—展开剂；4—展开剂蒸气

图 3-5　薄层色谱展开图

上行法展开的距离一般为 10～15 cm，展开时间约为 30min，最快者只需几分钟，最慢者需 2～3h。在色谱缸中加入适量体积比的二氯甲烷作展开剂。将点好样的薄层板放入其中，使点样一端向下，展开剂不应浸没样点。盖好盖子，放置一段时间，观察展开情况。当展开剂前沿上升至距板上端约 1 cm 时取出,并立即用铅笔画出前沿的位置。
五、数据处理
用尺量出展开剂前沿及各样点到起始线的距离,计算各样点的 R_f 值。将色素混合物展开后的各样点与单一组样点进行对照,判断成分。
六、思考题
1. 如何判断混合物展开后各样点的成分?依据是什么?
2. 实验中应注意哪些问题?

实验九　黄连药材的薄层色谱法鉴别

一、目的要求
1. 掌握薄层板的制备方法。
2. 掌握薄层色谱的一般操作方法。

二、实验原理
以中药黄连中主要有效成分之一小檗碱为分析物,利用薄层色谱可将药材中各成分分离,用盐酸小檗碱对照品加以对照,根据比移值定性小檗碱,可起到鉴别黄连的作用。

三、仪器与试剂
1. 仪器

铺板器,双槽色谱缸,玻璃板 10 cm×20 cm(厚 0.5mm),定量毛细管(2μL),薄层涂布器,研钵,分析天平。

2. 试剂

薄层色谱用硅胶 G,0.7% 羧甲基纤维素钠(CMC-Na)溶液,盐酸小檗碱对照品(中国药品生物制品检定所),黄连药材,盐酸、甲醇、正丁醇、冰醋酸等为分析纯。

四、实验内容与步骤
1. 硅胶 G 薄层板的制备

将硅胶 G 和 0.7% 的 CMC-Na(1:2.5)在研钵中同一方向研磨混匀,除去气泡后,倒入涂布器中,在玻璃板上平稳移动涂布器进行涂布(厚度约为 0.5mm),涂好的薄层板置于平台上晾干,于 105~110 ℃烘 0.5h,置干燥器中备用。

2. 配制供试品溶液与对照品溶液

取黄连药材粉末约 0.1g,置 100mL 容量瓶中,加入盐酸-甲醇(1:100)约 95mL,60 ℃水浴中加热 15min,取出,超声处理 30min,室温放置过夜,用甲醇定容,摇匀,滤过,滤液作为供试品溶液;称量盐酸小檗碱对照品,用甲醇溶解成 0.05mg·mL^{-1} 的溶液,作为对照品溶液。

3. 操作

点样:先用铅笔在距底端 1.5 cm 处画起始线,并标出点样位置,分别吸取供试品溶液 2μL 和对照品溶液 4μL,交叉点于同一硅胶 G 薄层板上。

展开:以正丁醇-冰醋酸-水(7:1:2)为展开剂,预饱和 15min 后,点好样的薄层板放入层析缸中,展距约 10 cm,取出晾干。

检出:将薄层板置紫外光灯(365 nm)下检视,供试样在与对照样相应位置上,显示类似的一个黄色荧光斑点,供试样检出 4 个点。

五、注意事项
1. 点样直径一般不大于 2mm。
2. 点样时注意勿损伤薄层板表面。

六、思考题
1. 本实验中薄层色谱的基本原理是什么？
2. 展开之前为什么要进行预饱和？

实验十　纸色谱分离氨基酸

一、实验目的
1. 掌握纸色谱的实验操作；
2. 进一步理解纸色谱的原理。

二、实验原理
赖氨酸、异亮氨酸与谷氨酸为水溶性物质，利用纸色谱将其分离，然后用茚三酮进行显色。

三、仪器与试剂
1. 仪器

立式展槽，色谱滤纸，毛细管，喷雾瓶，压缩。

2. 试剂

正丁醇，甲酸，水，氨基酸（赖氨酸、异亮氨酸与谷氨酸）标准品分别配制成 0.2% 的标液，茚三酮 0.1% 乙醇溶液。

四、实验步骤
点样：先用铅笔在距纸板底端 1.5 cm 处画起始线，并标出 4 个点样位置，1~3 分别点氨基酸标准溶液 2μL，4 点三种氨基酸标准溶液各 2μL。

展开：以正丁醇-甲酸-水（15∶3∶2）为展开剂，预饱和 15min 后，点好样的纸板放入层析缸中，展距约 12 cm，取出晾干。

检出：用喷雾器在纸板上喷茚三酮 0.1% 乙醇溶液，放入 100℃ 烘箱烘 5min，出现蓝紫色斑点。

五、注意事项
1. 纸板不要污染，保持平整。
2. 展开时避免纸板贴壁。
3. 显色剂不要喷过多。

六、思考题
1. 展开时如何避免纸板贴壁，为什么要防止贴壁？
2. R_f 的影响因素有什么？

实验十一　气相色谱仪气路系统的连接、检漏及载气流速的测量与校正

一、实验目的
1. 了解气相色谱仪的结构，熟悉各单元组件的功能。

2. 熟悉气相色谱仪的气路系统，掌握检验方法。
3. 掌握气相色谱仪的载气流速的测量和校正方法。

二、实验原理

1. 气路系统

气路系统是气相色谱仪中极为重要的部件。气路系统主要指载气连续运行的密闭管路，包括连接管线、调节测量气流的各个部件以及汽化室、色谱柱、检测器等。使用氢焰检测器时，还需引入辅助气体，如氢气、空气等。它们流经的管路也属于气路系统。

由高压钢瓶供给的载气，先经减压表使气体压力降至适当值，再经过净化管进入色谱仪。色谱仪上的稳压阀、压力表、调节阀、流量计等部件是用来调节、控制、测量载气的压力和流速的。氢气、空气气路系统也分别装有相应的调节、控制、测量部件。

气路系统必须保持清洁、密闭，各调节、控制部件的性能必须正常可靠。

2. 载气流速

载气流速是影响色谱分离的重要操作之一，必须经常测定。色谱仪上的转子流量计，用以测量气体体积流速，但转子高度与流速并非简单的线性关系，且与介质有关。故需用皂膜流量计加以校正。

(1) 视体积流速（F'_{CO}） 用皂膜流量计在柱后直接测得的体积叫视体积流速。它不仅包括了载气流速，且包括了当时条件下的饱和蒸汽流速。

(2) 实际体积流速（F_{CO}）

$$F_{CO} = F'_{CO} \frac{p_O - p_W}{p_O}$$

式中，p_O 为大气压，Pa；p_W 为室温下的饱和水蒸气压，Pa。

(3) 校正体积流速（F_c） 由于气体体积随温度变化，而柱温又不同于室温，故需作温度校正。

$$F_c = F_{CO} \frac{T_c}{T_a}$$

式中，T_c 为柱温，K；T_a 为室温，K。

(4) 平均体积流速（$\bar{F}_c$）

气体体积与压力有关。但色谱柱内压力不均，存在压力梯度，需进行压力校正。

$$\bar{F}_c = F_c \frac{3(p_i/p_o)^2 - 1}{2(p_i/p_o)^3 - 1}$$

式中，p_i 为柱入口处载气压力；p_o 为柱出口处载气压力，计算时 p_i、p_o 单位要相同。

三、实验步骤

气相色谱仪常以高压钢瓶气为气源，使用钢瓶必须安装减压表。

1. 正确选择减压表

减压表接口螺母与气瓶嘴的螺纹必须匹配。减压表上有两个弹簧压力表，示值大的指示钢瓶内的气体压力，小的指示输出压力。开启钢瓶时，压力表指示瓶内压力，用肥皂水检查接口处是否漏气。

2. 准备净化管

(1) 清洗净化管 先用 10% NaOH 溶液浸泡 0.5h，用水冲洗烘干。

(2) 活化清洗剂　硅胶于120℃烘至蓝色；活性炭于300℃烘2h；分子筛于550℃烘3h，不得超过600℃。

(3) 填装净化管　三种等量净化剂依次装入净化管，之间隔以玻璃棉。标明气体出入口，出口处塞一玻璃棉。硅胶装在出口处。

3. 管道的连接

用一段管子将净化管连接到减压表出口，净化管的另一端接一可达色谱仪的管子。开启气源，用气体冲洗一下，遂关气源，将管道接到仪器口。

4. 检漏

保证整个气路系统的严密性十分重要，须认真检查，易漏气的地方为各接头接口处。检漏方法如下。

(1) 开启气源，导入载气，调节减压表为 2.5 kgf·cm^{-2}（1kgf·cm^{-2}=98.0665kPa），先关闭仪器上的进气稳压阀。用小毛笔蘸肥皂水检查从气源到接口处的全部接口。

(2) 将色谱柱接到热导检测器上，开启进气减压阀，并调节仪器上压力表：2 kgf·cm^{-2}。调转子流量计流速最大，堵住主机外侧的排气口，如转子流量计的浮子能落到底，则不漏气；反之，则需用肥皂水检查仪器内部各接口。

(3) 氢气、空气的检查同前。

(4) 漏气现象的消除：上紧丝扣接口，如无效，卸开丝扣，检查垫子是否平整，不能用时需更换。

5. 载气流速的测定及校正

(1) 将柱出口与热导检测器相连，在皂膜流量计内装入适量皂液。使液面恰好处于支管口的中线处，用胶管将其与载气相连。

(2) 开启载气，调节载气压力至需要值，调节转子高度。一分钟后轻捏胶头，使皂液上升封住支管即会产生一个皂膜。

(3) 用秒表记下皂膜通过一定体积所需的时间，换算成以 mL·min^{-1} 为单位的载气流速。

(4) 用上述方法，依次测定转子流量计高度为 0、5、10、15、20、25、30 格时的体积流速，然后测定另一气路的流速。

(5) 再分别测量以氢气为载气的气路的流速。

四、数据处理

1. 以转子流量计上转子的高度为横坐标，以视体积流速为纵坐标，绘制转子流量计的校正曲线，同时记录载气种类、柱温、室温、气压等参数。

2. 根据视体积流速，按下式可计算出实际体积流速。

$$F_{co} = F'_{co} \frac{p_O - p_W}{p_O}$$

3. 根据下式求出在柱温条件下载气在柱中的校正体积流速。

$$F_c = F_{co} \frac{T_c}{T_a}$$

五、注意事项

1. 氢气减压表只许安装在自燃性气体钢瓶上。

2. 氧气减压表安装在非自燃性气体钢瓶上。

3. 安装减压表时，所有工具及接头，一律禁油。
4. 开启钢瓶时，瓶口不准对向人和仪器。
5. 净化管垂直安装，上口进气、下口出气。
6. 凡涂过皂液的地方用滤纸擦干。

[附表] 不同温度时水的饱和蒸气压

温度/℃	p_W/mmHg	温度/℃	p_W/mmHg	温度/℃	p_W/mmHg
10	9.12	20	17.5	30	31.8
11	9.84	21	18.7	31	33.7
12	10.5	22	19.8	32	35.7
13	11.2	23	21.1	33	37.7
14	12.0	24	22.4	34	39.9
15	12.8	25	23.8	35	42.2
16	13.6	26	25.2	36	44.6
17	14.5	27	26.7	37	47.1
18	15.5	28	28.3	38	49.7
19	16.5	29	30.0	39	52.4

注：1mmHg=133.322Pa。

六、思考题

1. 气相色谱仪是由哪几部分组成的？各起什么作用？
2. 如何检验色谱系统的密闭性？

实验十二　气相色谱填充柱的柱效测定

一、实验目的

1. 了解气相色谱仪的基本结构和工作原理。
2. 学习气相色谱仪的使用。
3. 学习、掌握色谱柱的柱效测定方法。

二、实验原理

色谱柱的柱效能是色谱柱的一项重要指标，可用于考察色谱柱的制备工艺操作水平以及估计该柱对试样分离的可能性。在一定色谱条件下，色谱柱的柱效可用有效塔板数 $n_{有效}$ 及有效塔板高度 $h_{有效}$ 来表示。塔板数越多，塔板高度越小，色谱柱的分离效能越好。有效塔板数及有效塔板高度的计算公式如下：

$$n_{有效} = 5.54 \left(\frac{t'_R}{Y_{1/2}}\right)^2 = 16 \left(\frac{t'_R}{Y}\right)^2$$

$$h_{有效} = \frac{L}{n_{有效}}$$

$$t'_R = t_R - t_M$$

式中，t_R 为组分的保留时间；t'_R 为组分的调整保留时间；t_M 为空气的保留时间（死时间）；$Y_{1/2}$ 为色谱峰的半峰宽度；Y 为色谱峰的峰底宽度；L 为色谱柱的长度。

由于不同组分在固定相和流动相之间的分配系数不同，因而同一色谱柱对不同组分的柱效也不相同，所以在报告 $n_{有效}$ 时，应注明对何种组分而言。

三、仪器与试剂

1. 仪器

气相色谱仪（热导检测器），填充色谱柱（固定相：SE-30；载体：硅烷化白色载体；柱内径：3mm；柱长：2m），FJ-2000 色谱工作站，微量进样器（50μL），注射器（2mL），载气：氮气。

2. 试剂

正己烷，正庚烷，正辛烷均为分析纯（体积比 1∶1∶1）。

四、实验步骤

1. 开启仪器，设定实验操作条件

按气相色谱仪器操作步骤开启仪器。设定柱温为 80 ℃，汽化室温度为 150 ℃，检测器温度为 110 ℃，载气流量为 10～15mL·min^{-1}。

2. 开启色谱工作站，进入数据采集系统

按照色谱工作站操作步骤开启计算机，进入色谱工作站，监视基线，待仪器上的电路和气路系统达到平衡、基线平直时，即可进样，同时记录数据文件名。

3. 测定试样的保留时间 t_R

用微量进样器吸取 3μL 试液进样，记录试样色谱图文件名。重复两次。

4. 测定死时间 t_M

用注射器吸取 0.5mL 空气进样，记录空气色谱图文件名。重复两次。

5. 数据记录

按照色谱工作站操作步骤进入色谱工作站数据处理系统，依次打开色谱图文件并对色谱图进行处理，同时记录下各色谱峰的保留时间和半峰宽。

6. 实验完毕后，用乙醚抽洗微量进样器数次，并按仪器操作步骤关闭仪器及计算机。

五、数据处理

1. 记录实验条件

(1) 色谱柱：柱长，内径，固定相；

(2) 载气及其流量、柱前压；

(3) 柱温、汽化温度；

(4) 检测器桥流、温度；

(5) 进样量；

(6) 数据文件名。

2. 记录及处理色谱数据

(1) 用色谱工作站数据处理系统处理空气色谱峰，并记录其保留时间，以 s 表示。

(2) 用色谱工作站数据处理系统处理样品色谱峰，并记录各峰的保留时间和半峰宽，均以 s 表示。

(3) 分别计算三个组分在该色谱柱上的有效塔板数 $n_{有效}$ 及有效塔板高度 $h_{有效}$。将各数据列表表示。

六、思考题

1. 本实验测得的有效塔板数可说明什么问题？
2. 试比较测得的苯和甲苯的 $n_{有效}$ 值，并说明为什么用同一根色谱柱分离不同组分时，$n_{有效}$ 不同。

实验十三　乙酸甲酯、环己烷、甲醇等混合样品的色谱测定

一、实验目的

1. 进一步掌握色谱定量分析的原理。
2. 了解校正因子的含义，用途和测定方法。
3. 学会面积归一化定量方法。

二、实验原理

色谱定量分析的依据是，在一定条件下，被测物质的质量 m 与检测器的响应值成正比，即：$m_i = f'_i A_i$

或：$m_i = f''_i h_i$

式中，A_i 为被测组分的峰面积；h_i 为被测组分的峰高；f'_i 为绝对（或定量）校正因子（以峰面积表示时）；f''_i 为绝对（或定量）校正因子（以峰高表示时）。所以定量时需要达到以下要求。

1. 准确测量响应信号 A 或 h

A 或 h 是最基本的定量数据，h 可以直接测得，A 和其他参数计算求得。

如：$A = 1.065 h Y_{1/2}$

2. 准确求得绝对校正因子 f'

响应值除正比于组分含量外，与样品的性质也有关，即在相同的条件下，数量相等的不同物质产生的信号的大小可能不同。因此，在进行定量分析时需加以校正。

由前述可知：$f' = \dfrac{m}{A}$ 即单位峰面积所代表的样品质量，由于受操作条件影响较大，f' 的测定较困难。所以在实际操作中都采用相对校正因子 f_i。f_i 为组分 i 和标准物质 s 的绝对校正因子之比：

$$f_i = \frac{f'_i}{f'_s} = \frac{m_i}{m_s} \times \frac{A_s}{A_i}$$

式中，m_i、m_s 分别为待测物和标准物之质量；A_i、A_s 分别为待测物和标准物之峰面积；f_i 与检测器类型有关，而与检测器结构特性及操作条件无关。

可以用质量或物质的量表示，故：

$$f_m = \frac{f'_{i(m)}}{f'_{s(m)}} = \frac{A_s m_i}{A_i m_s} \qquad \text{（相对质量校正因子）}$$

$$f_M = \frac{f'_{i(M)}}{f'_{s(M)}} = \frac{A_s m_i M_s}{A_i m_s M_i} = f_m \frac{M_s}{M_i} \qquad \text{（相对摩尔校正因子）}$$

式中，M_i，M_s 分别为待测物和标准物的分子量；f_m、f_M 可以从文献查得，亦可直接测量。准确称量一定质量的待测物质和标准物质，混匀后进样，分别测得峰面积，即可

求其相对校正因子（即通常所说的校正因子）。

$$w_i = \frac{m_i}{m} \times 100\% = \frac{m_i}{m_1 + m_2 + \cdots + m_n} \times 100\%$$

$$= \frac{A_i f_i}{A_1 f_1 + A_2 f_2 + \cdots + A_n f_n} \times 100\%$$

3. 选择合适的定量方法

常用的定量方法有多种，本实验采用归一法。

归一法就是分别求出样品中所有组分的峰面积和校正因子，然后依次求各组分的百分含量。

$$w_i = \frac{A_i f_i}{\Sigma A f} \times 100$$

归一法优点：简捷；进样量无需准确；条件变化时对结果影响不大。

缺点：混合物中所有组分必须全出峰；必须测出所有峰面积。

三、仪器与试剂

1. 仪器

气相色谱仪（附 TCD、FID），微量注射器（1μL、5μL）。

2. 试剂

三组分混合样：甲醇，乙酸甲酯，环己烷。

四、实验步骤

1. 色谱条件

色谱柱：GDX-102（60～80 目）。

温度：色谱柱，100～120 ℃；检测器，150 ℃；汽化室，150 ℃。

载气：H_2 45mL·min^{-1}；N_2 50mL·min^{-1}；空气 400mL·min^{-1}。

纸速：5cm·min^{-1}；衰减，自选。

按上述条件开机调试，待仪器稳定后依次进样。

2. 定性分析

（1）调记录纸速为 5cm·min^{-1}，用 1μL 注射器分别进甲醇、乙酸甲酯、环己烷 0.1μL，记录色谱图，准确测量各峰的保留时间（t_R）。

（2）在相同条件下进 0.1～0.2μL 三组分混合样记录色谱图，准确测量各峰的保留时间（t_R）。

3. 测量校正因子

于分析天平上准确称取三标准试剂于同一小瓶中混匀，在设定的条件下进样 0.1～0.2μL，记录峰面积。

4. 定量分析

进 0.1～0.2μL 未知混合样。记录色谱图，测量峰面积。

5. 关机。

五、数据处理

1. 根据保留时间确定各峰归属。

2. 根据所称标样质量和各峰面积，计算相对校正因子（以甲醇为标准物）。

3. 根据未知样品中峰面积，用归一化法计算待测样品中各组分的百分含量。

六、思考题
1. 归一化法使用的条件是什么？
2. 如何求校正因子？在什么条件下可以不考虑校正因子？

实验十四　气相色谱法测定藿香正气水中乙醇含量

一、实验目的
1. 掌握用气相色谱法测定中药制剂中乙醇含量的方法。
2. 熟悉气相色谱定量分析操作方法。

二、基本原理
藿香正气水为酊剂，由苍术、陈皮、广藿香等十味药组成，制备过程中所用溶剂为乙醇。由于制剂中乙醇含量的高低对于制剂中有效成分的含量、所含杂质的类型和数量以及制剂的稳定性等都有影响，所以《中华人民共和国药典》规定对该类制剂需做乙醇量检查。乙醇具挥发性，《中华人民共和国药典》采用气相色谱法测定制剂中乙醇的含量（%，体积分数）。用气相色谱把制剂中乙醇与其他组分分离，并根据保留时间定性，以正丙醇作为内标对供试样中乙醇进行定量测定。

三、仪器与试剂
1. 仪器

气相色谱仪，微量注射器。

2. 试剂

无水乙醇，正丙醇（AR），藿香正气水（市售品）。

四、实验步骤
1. 色谱条件

毛细管填充柱，进样口温度为150 ℃，柱温为120 ℃，检测器温度为200 ℃，氮气为载气，检测器为氢火焰离子化检测器。

2. 标准溶液的制备

精密量取恒温至20 ℃的无水乙醇和正丙醇各5.00mL，加水稀释成100mL，混匀，即得。

3. 供试品溶液的制备

精密量取恒温至20 ℃的藿香正气水10.00mL和正丙醇5.00mL，加水稀释成100mL，混匀，即得。

4. 测定法

（1）校正因子的测定　取标准溶液1μL进样1次，记录对照品无水乙醇和内标物质正丙醇的峰面积。

（2）供试品溶液的测定　取供试品溶液1μL，连续注样3次，记录供试品中待测组分乙醇和内标物质正丙醇的峰面积。

五、数据处理
1. 按下式计算相对校正因子：

$$相对校正因子(f) = \frac{c_i/A_i}{c_s/A_s}$$

式中，A_s 为内标物质正丙醇的峰面积；A_i 为对照品无水乙醇的峰面积；c_s 为内标物质正丙醇的浓度；c_i 为对照品无水乙醇的浓度。

2. 按下式计算含量：

$$含量(c_x) = f\frac{A_x}{A_s}c_s$$

式中，A_x 为供试品溶液峰面积；c_x 为供试品的浓度。取 3 次计算的平均值作为结果。《中华人民共和国药典》规定藿香正气水中乙醇含量应为 40%～50%。

六、注意事项

1. 在不含内标物质的供试品溶液的色谱图中，与内标物质峰相应的位置处不得出现杂质峰。

2. 标准溶液和供试品溶液各连续 3 次注样所得各次校正因子和乙醇含量与其相应的平均值的相对标准偏差，均不得大于 1.5%，否则应重新测定。

七、思考题

1. 内标物应符合哪些条件？
2. 实验过程中可能引入误差的机会有哪些？

实验十五　气相色谱法测定白酒中乙醇含量

一、实验目的

1. 学习气相色谱法测定含水样品中乙醇的含量。
2. 学习和熟悉氢火焰检测器的调试及使用方法。
3. 学习和掌握色谱内标法定量分析方法。

二、实验原理

内标法是一种准确而应用广泛的定量分析方法，操作条件和进样量不必严格控制，限制条件较少。当样品中组分不能全部流出色谱柱、某些组分在检测器上无信号或只需要测定样品中的个别组分时，可采用内标法。

内标法就是将准确称量的纯物质作为内标物，加入到准确计量的样品中，根据内标物和样品的量及相应的峰面积 A 求出待测组分的含量。例如，用质量（或体积）计量内标物和待测物时，待测组分的质量 m_i（或体积 V_i）与内标物质量 m_s（或体积 V_s）之比等于相应的峰面积之比。

$$\frac{m_i}{m_s} = \frac{A_i f_i}{A_s f_s} \quad \text{或} \quad \frac{V_i}{V_s} = \frac{A_i f_{i(V)}}{A_s f_{s(V)}}$$

待测组分含量可表示如下：

$$质量分数\ w_i = \frac{m_i}{m} \times 100\% = \frac{A_i f_i m_s}{A_s f_s m} \times 100\%$$

$$质量浓度\ \rho = \frac{m_i}{V} = \frac{A_i f_i m_s}{A_s f_s V}$$

$$体积分数\ \varphi = \frac{V_i}{V} \times 100\% = \frac{A_i f_{i(V)} V_s}{A_s f_{s(V)} V} \times 100\%$$

式中，f_i，f_s 分别为组分 i 和内标物 s 的相对质量校正因子；$f_{i(V)}$，$f_{s(V)}$ 分别为组

分 i 和内标物 s 的相对体积校正因子；A_i，A_s 分别为组分 i 和内标物 s 的峰面积，mm^2；m，V 分别为待测样品的质量和体积，g 和 mL。

为方便起见，求定量校正因子时，常以内标物作为标准物，则 $f_s = f_{s(V)} = 1.0$。选用内标物时需满足下列条件：①内标物应是样品中不存在的物质；②内标物与待测组分的色谱峰能够分开，并尽量靠近；③内标物的量应接近待测组物的含量；④内标物与待测物互溶。

本实验样品中乙醇的含量可用内标法定量，以无水 1-丙醇为内标物符合以上条件。

三、仪器与试剂

1. 仪器

气相色谱仪（任意型号），氢火焰检测器（FID），色谱柱（3mm×2m），微量注射器（5μL），容量瓶（50mL），吸量管（5mL）。

2. 试剂

固定液：聚乙二醇 20000（简称 PEG20M），载体：上海试剂厂 102 白色载体（60～80 目），载液比 10%，无水乙醇（AR），无水 1-丙醇（AR），样品：饮用酒。

四、实验步骤

1. 色谱操作条件

柱温 90 ℃，汽化室温度 150 ℃，检测器温度 130 ℃，N_2（载气）流量 40mL·min^{-1}，H_2 流量为 40mL·min^{-1}，空气流量为 400mL·min^{-1}，记录仪纸速为 600mm·h^{-1}。

2. 标准溶液的测定

准确移取 2.50mL 无水乙醇于 50mL 容量瓶中，加入 2.50mL 内标物（无水 1-丙醇），用蒸馏水稀释至刻度，摇匀。用微量注射器吸取 0.5μL 样品溶液，注入色谱仪，记录各峰的保留时间 t_R，测量各峰的峰高及半峰宽，计算以 1-丙醇为标准的相对较正因子。

3. 样品溶液的测定

准确移取 5.00mL 样品于 50mL 容量瓶中，加入 2.50mL 内标物（无水 1-丙醇），用蒸馏水稀释至刻度，摇匀。用微量注射器吸取 0.5μL 样品溶液，注入色谱仪，记录各峰的保留时间 t_R，以标准溶液与样品溶液的 t_R 对照定性样品中的醇，测定乙醇、1-丙醇的峰高及半峰宽，计算样品中乙醇的含量。

五、数据处理

1. 相对较正因子的计算

相对校正因子用标准溶液测定，按下式 [其中 $f_s = f_{s(V)} = 1.0$] 计算：

$$f_i = m_i' A_s' / (m_s' A_i') \qquad f_{i(V)} = V_i' A_s' / (V_s' A_i')$$

式中：m_i'、m_s' 分别为标准溶液中无水乙醇质量和无水 1-丙醇的质量（等于各自的体积乘以各自的密度），g；V_i'、V_s' 分别为标准溶液中无水乙醇质量和无水 1-丙醇的体积（均为 2.50mL）；f_i、$f_{i(V)}$ 分别为乙醇的相对质量校正因子和相对体积校正因子；A_i'、A_s' 分别为标准溶液中无水乙醇的峰面积和无水 1-丙醇的峰面积，mm^2。

2. 样品中乙醇含量的计算

样品中乙醇含量由样品溶液的测定，按下式 [其中 $f_s = f_{s(V)} = 1.0$] 计算：

$$w_i = \frac{m_i}{m} \times 100\% = \frac{A_i m_s}{A_s m} f_i \times 100\% \quad \rho = \frac{m_i}{V} = \frac{A_i f_i m_s}{A_s V} f_i \times 10 \times 100\%$$

$$\varphi = \frac{V_i}{V} \times 100\% = \frac{A_i V_s f_{i(V)}}{A_s V} \times 100\%$$

式中，m 为样品溶液的质量（等于体积乘以密度），g；10 为稀释倍数；A_i，A_s 分别为样品溶液乙醇的峰面积和 1-丙醇的峰面积，mm²；V_s，V 分别为内标物 1-丙醇体积 (2.50mL) 和样品溶液的体积，mL。

六、思考题
1. 内标物的选择应符合哪些条件？内标法定量有何优缺点？
2. 热导检测器和氢火焰检测器各有什么特点？

实验十六　气相色谱法测定乙醇中乙酸乙酯的含量

一、实验目的
1. 掌握气相色谱法中利用保留值进行定性的方法。
2. 学习外标法进行定量分析的方法和计算。
3. 了解热导检测器的原理和应用。

二、实验原理
在混合物样品分离之后，利用已知物保留值对各色谱峰进行定性是色谱法中最常用的一种定性方法。它的依据是在相同的色谱操作条件下，同一种物质应具有相同的保留值，当用已知物的保留时间（保留体积、保留距离）与未知物组分的保留时间进行对照时，若两者的保留时间完全相同，则认为它们可能是相同的化合物。这个方法以各组分的色谱峰必须分离为单独峰为前提的，同时还需要有作为对照用的标准物质。

外标法定量使用组分 i 的纯物质配制成已知浓度的标准样，在相同的操作条件下，分析标准样和未知样，根据组分量与相应峰面积或峰高呈线性关系，则在标准样与未知样进样量相等时，由下式计算组分的含量：

$$w_i = \frac{A_i}{A_{is}} w_{is}$$

式中，w_{is} 为标准样品中组分 i 的含量；w_i 为待测试样中组分 i 的含量；A_{is} 为标准样品中组分 i 的峰面积；A_i 为待测试样中组分 i 的峰面积。

三、仪器与试剂
1. 仪器

气相色谱仪，Total Chrom 色谱工作站，微量注射器（1μL），比色管，移液管（20mL、5mL）等。

2. 试剂

无水乙醇（AR）；乙酸乙酯（AR）。

四、实验步骤
1. 色谱操作条件

色谱柱：OV-101 Silicone 10%，Chromosorb W-AW-DMCS 80/100。
载气流量：18mL·min⁻¹。
检测器：热导检测器。

温度：色谱柱，90℃；汽化室，150℃；检测器，110℃。

2. 乙醇、乙酸乙酯保留时间的测定

分别注入 1.0μL 纯乙醇、乙酸乙酯样品，目的是利用保留时间对混合物中的峰进行指认。

3. 乙醇中乙酸乙酯含量的测定

取无水乙醇五份，每份 7.50mL，分别加入纯乙酸乙酯 1.00、2.00、3.00、4.00、6.00mL 配得标准溶液 5 瓶，从每瓶中吸取 1.0μL 注入色谱仪得各标准溶液色谱图，取试样溶液 1.0μL，在相同条件下进行分析，得色谱图。

4. 后期处理

实验完毕，用乙醇清洗 1μL 注射器，退出色谱工作站，点击关闭汽化室、色谱柱、检测器的升温加热，并继续通气 30min，等待仪器冷却。然后关闭气相色谱仪电源，最后关闭载气阀门。

五、数据处理

1. 绘制乙酸乙酯的标准曲线。
2. 利用标准曲线求样品中乙酸乙酯的含量。

六、思考题

用外标法进行定量分析的优缺点是什么？

实验十七　气相色谱法定量分析乙醇中水含量

一、实验目的

1. 掌握定量分析方法（外标法）。
2. 熟悉定量分析的操作过程及实验技术。

二、实验原理

在 401 有机载体作为固定相的色谱柱上，水、乙醇能得到较好的分离效果，这是能进行定量分析的前提。又因为，色谱峰面积或峰高与被测组分的含量成正比，那么，在一定的实验条件下，在固定进样的基础上，采用外标法（标准曲线法），对乙醇中的水可进行定量分析。

三、仪器与试剂

1. 仪器

SP-2305 型气相色谱仪，热导池检测器，XWC-A 型长图自动平衡记录仪，装有 401 载体的不锈钢色谱柱（2m×4mm），微量进样器 5μL；比色管 10mL。

2. 试剂

乙醇标准液（分析纯无水乙醇），乙醇样品液（实验室自行配制）。

四、实验步骤

1. 色谱操作条件

柱温 145℃，热导池温度 120℃，汽化室温度 150℃，载气流量 25 格，柱前压 1.5 kgf·cm^{-2}，热导池工作电流 100mA，记录仪走纸速度 600mm·h^{-1}。

2. 调节仪器。

3. 配制标准系列溶液

用分析纯的无水乙醇分别配制 75%、80%、85%、90%、95% 乙醇水溶液 10mL，作为标准系列溶液。

4. 测量

分别准确吸取 2.0μL 标准系列溶液及样品液，从左侧进样孔进样，平行测三次，取面积或峰高的平均值。

五、数据处理

绘制标准曲线，从曲线上查出 A_x 或 h_x 所对应的含量 c_x，c_x 即为样品液含量。

六、思考题

1. 当样品液进样量不准时，会有什么结果？
2. 标准液和样品液的测量条件不一致时，将会对分析有何影响？

实验十八 利用保留值定性及归一法定量测定乙醇、丙酮及水混合溶液中各组分的含量

一、实验目的

1. 了解气相色谱仪的结构、工作原理及其基本操作。
2. 了解微量注射器的使用技术。
3. 学会保留值法定性分析。
4. 掌握归一化法进行定量分析的基本原理和方法，掌握测定校正因子的方法。

二、实验原理

气相色谱法利用试样中各组分在流动相（气相）和固定相间的分配系数不同，对混合物进行分离和测定。特别适用于分析气体和易挥发液体组分。

1. 定性分析

定性分析的任务是确定色谱图上各个峰代表什么物质。各物质在一定色谱条件下有其确定的保留参数，如保留时间（t_R）、保留体积（V_R）及相对保留值（γ_{is}）等。因此，保留参数是定性分析的基础。当有待测组分的标准物质时，可通过比较在相同色谱操作条件下测得的未知样品各个色谱峰的保留时间与其对应的标准物质的保留时间可对各色谱峰进行归属，这就是标准物质对照法的定性原理。此方法比较简单，但操作条件要稳定。因而有时采用相对保留值（γ_{is}）进行定性，它仅与所用的固定相和温度有关，不受其他操作条件的影响。在没有标样的情况下，可借助于保留指数的文献值进行定性。此外，有些物质在相同的色谱条件下具有相近的甚至相同的保留值。因此，对于复杂样品，色谱定性鉴定能力较弱，可与其他仪器如质谱、光谱联用来进行定性分析。

本实验中，先测出纯的乙醇、丙酮及水三种物质的 t_R，采用 t_R 值作为对照来对未知样品中是否存在乙醇、丙酮及水进行定性分析。

2. 定量分析

(1) 相对校正因子（f_i）的测定方法 定量分析的任务是测定混合样品中各组分的含量。定量分析的依据是待测物质的质量 m_i 与检测器产生的信号 A_i（色谱峰面积）成正比：

$$m_i = f_i' A_i$$

式中，f_i' 被称为被测组分 i 的绝对校正因子。由 $f_i' = m_i/A_i$ 可知 f_i' 就是单位面积所代表组分 i 的质量，其大小由仪器的灵敏度决定。由于各组分在同一检测器上具有不同

的响应值，即使两组分含量相同，在检测器上得到的信号往往不相等，所以，不能用峰面积来直接计算各组分的含量；此外，由于 f'_i 值因注射器的体积误差以及色谱条件有密切关系而不易准确测定。因此，在进行定量分析时，常用 $f_{i,s}$ 相对校正因子（即通常所说的校正因子 f_i）。其定义为：被测组分 i 的相对校正因子（$f_{i,s}$）等于被测组分 i 与标准物质 s 的绝对校正因子之比，即：$f_{i,s}=f'_i/f'_s$。由 $f'_i=m_i/A_i$ 可知：

$$f_{i,s}=\frac{f'_i}{f'_s}=\frac{m_iA_s}{m_sA_i}$$

式中，f'_s 为标准物质的绝对校正因子；m_s 为标准物质的质量；A_s 为标准物质的峰面积。

利用相对校正因子可将各组分峰面积进行校正，利用校正的峰面积便可准确计算物质的含量。

本实验中，先准确量取分析纯的乙醇、丙酮及水各 2.00mL 放入同一 10mL 容量瓶中，得到 3 种物质的 m_i，采用丙酮作为内标，测出乙醇、丙酮及水的 A_i，利用上式计算出乙醇及水的 $f_{i,s}$，再利用归一化法来对未知样品中存在的乙醇、丙酮及水进行定量分析。

(2) 归一化法的测定方法　归一化法是将所有出峰组分的含量之和按 100% 计算的定量分析方法，当样品中所有组分都可以在气相色谱中出峰时，其中组分 i 的质量分数 w_i 可用下式计算：

$$w_i=A_if_i/(A_1f_1+A_2f_2+\cdots+A_nf_n)=A_if_i/\sum_{i=1}^{n}A_if_i$$

该法优点是：简便、准确，不必准确称量和准确进样，当操作条件如进样量、流速等变化时，对结果影响小，是常用的一种定量方法。

三、仪器与试剂

1. 仪器

Clarus 500 气相色谱仪（美国 Perkin Elmer 公司，带热导检测器），N2000 色谱数据工作站，氮气钢瓶，10μL 微量注射器（尖头），色谱柱：4mm×1m 填充柱（80～100 目），10mL 容量瓶，5mL 移液管，电子天平一台。

2. 试剂

(1) 未知混合溶液；

(2) 乙醇、丙酮及水（均为分析纯）；

(3) 混合标准溶液：在同一个 10mL 容量瓶中，分别称取 2.00mL 乙醇、丙酮及水，记录三种物质的质量，摇匀得到混合标准样品，用于相对校正因子的测量。

四、实验步骤

1. 色谱操作条件

检测器：TCD，柱温：100 ℃，汽化温度：150 ℃，检测器温度：120 ℃，N_2 流量：40mL·min^{-1}。

2. 开机准备

(1) 开机　打开氮气，压力调节至 0.4MPa。打开仪器电源开关，使之自检，待自检完毕显示登录界面时，按下触摸屏上的"登录"（Login）按钮。选择 TCD（热导池）检测器。

(2) 参数设置

① 参比气和载气均选择氮气，流速：40mL·min^{-1}（载气和参比气的流量要保持平衡，相差不能超过4mL·min^{-1}）。

② 设置温度参数　检测器温度：120 ℃；进样口（汽化室）温度：150 ℃；柱温：100 ℃。

③ 设置其他参数　灯丝电流：+80mA 或+120mA。

(3) 先使仪器稳定 0.5h 左右，待基线走直后，即可进样检测。

3.定性实验

(1) 依次取 0.5μL 乙醇、丙酮及纯水的单一标准样品进样，列表记录各组分的保留时间 t_R。

(2) 取 2μL 未知样品进样，开始测试，得到由 3 个主要峰组成的色谱图，记录峰的保留时间等信息，根据（1）中各种物质的保留时间，进行定性分析。

4.定量实验

(1) 取 2μL 混合标准样品进样，记录各峰值的保留时间、峰面积等信息。求出乙醇、水相对于丙酮的 $f_{i,s}$ 值。

(2) 取出 2μL 未知样品进样，得到由 3 个主要峰组成的色谱图，列表记录各峰保留时间、峰面积等信息。利用乙醇、丙酮及水的 $f_{i,s}$，求出未知样品中醇、丙酮及水的质量分数 w_i（%）。

5.关机

(1) 测样完毕后，按下灯丝电流的"OFF"钮，使灯丝电流关闭。然后使检测器温度降至80℃以下，进样口（汽化室）温度降至100℃以下，柱温降至40℃以下，即可关机。

(2) 先关闭仪器电源，然后再关闭各种气源。

(3) 关机后，清理仪器卫生，用专用的仪器罩将仪器罩好，防止灰尘。

五、注意事项

1.测定过程中应尽量保持色谱条件如柱温、柱压、载气流速等的恒定。

2.进样时，单手持微量注射器，用食指和中指夹住柱塞杆缓慢抽提，避免产生气泡，进样时用食指下压柱塞杆，速度要快，但注意不要将柱塞杆压弯。注样后，注射器要取下来。

3.开机时，一定要先开气后才能开仪器电源；关机时一定要先关电源然后才能关气源，否则会造成仪器损坏。

六、思考题

1.讨论采用归一化法定量分析的优点和局限性。

2.利用相对保留值对色谱进行定性时，对实验条件是否需要严格控制？为什么？

3.在定量分析中，为什么要测被测组分的相对校正因子？

实验十九　程序升温法测定工业二环己胺中微量杂质

一、实验目的

1．了解程序升温色谱法的特点及应用。

2．初步掌握程序升温色谱法操作技术。

二、实验原理

对于宽沸程多组分化合物采用程序升温色谱法，柱温按预定的加热速度，随时间呈线性或非线性增加,则混合物中所有组分将在其最佳柱温下流出色谱柱。当采用足够低的初始温度,低沸点组分就能得到更好分离,随着柱温的升高,每一个较高沸点的组分就被升高的柱温"推出色谱柱",高组分沸点也能加快流出,从而得到良好的尖峰。因此,程序升温色谱法主要是通过选择适当温度,而获得良好的分离和理想的峰形,同时缩短了分离时间。

一般来说,样品沸点范围大于80～100℃就需要用程序升温色谱法。程序升温方式:所谓"程序"即柱温增加的方式,大都按柱温随时间的变化来分类。

1. 线性升温

柱温(T)随时间(t)成正比例的增加。

$$T = T_0 + rt$$

式中,T_0为起始温度;r为升温速度,℃·min^{-1}。

2. 非线性升温

(1) 线性-恒温加热 首先线性升温至固定液最高使用温度,然后恒温到把最后几个高沸点组分冲洗出来。适于高沸点组分的分离。

(2) 恒温-线性加热 先恒温分离低沸点组分,再线性升温到分离完成。

(3) 恒温-线性-恒温加热 先恒温分离低沸点组分,中间线性升温至高温,再恒温至高沸点组分冲洗出来。适用于沸点范围很宽的样品。

(4) 多种速度升温 开始以r_1速度升温然后再以r_2、r_3速度升温。

本实验用恒温-线性-恒温加热方式,分离分析工业二环己胺样品。

目前,程序升温色谱系统,大多采用双柱双气路,以补偿因固定液在升温过程中流失而引起的基线漂移,增加柱子的稳定性。

在双柱系统中,一般分析柱和参考柱有同样固定相,也可装两种性质不同的固定相,以分析不同类型的样品,扩大应用面。但要注意,两种固定液的热稳定性要相同,即最高使用温度要相同或接近,否则无法补偿固定液的流失,使稳定性变坏。

三、仪器与试剂

1. 仪器

岛津GC-9A型气相色谱仪,色谱柱:2%PEG20M+2%KOH,载体:Chromosorb(酸洗、硅化烷,60～80目),检测器:氢焰离子化(FID)。

2. 试剂

工业二环己胺。

四、实验步骤

1. 色谱操作条件

温度:柱温,130℃保持3min,升温速度为3℃·min^{-1},终温180℃保持20min;汽化室200℃;检测器200℃。

载气:N_2流速30mL·min^{-1};燃气:H_2流速40mL·min^{-1};助燃气:空气流速500mL·min^{-1}。

输出衰减:自选;纸速:5cm·min^{-1}。

按上述色谱条件启动仪器,一次升温使检测器和汽化室温度达到规定之后,按以上条件设定程序升温。

2.进样分析

完成程序设定且基线稳定后，用微量注射器注入 0.2μL 二环己胺。同时按"start"按钮，程序升温即自动进行，记录色谱图。若需要重复前次程序升温过程，可将设定值复位后重复进行。

3.定性

在相同程序升温条件下，注入标准样品以鉴别各流出峰。

4.定量

可采用归一化法或外标法定量。

五、注意事项

1.升温方法据仪器型号不同而有所不同，严格按说明书操作。

2.在升温过程中，柱前压力随温度增加而增加，流量计转子下降，这是正常现象，但必须保证各次程序变化保持一致。

3.在程序升温时，要尽量采用较低的汽化温度，以免进样器硅胶垫低沸点成分流失造成基线不稳，出现怪峰，硅胶垫最好老化处理。将其浸入乙醇中 1d，用清水洗净后，在 200 ℃老化 2h。

六、思考题

1. 在什么情况下考虑使用程序升温？
2. 程序升温操作中柱温如何选择？

实验二十 液相色谱柱效能的测定

一、实验目的

1.学习高效液相色谱柱效能的测定方法。

2.了解高效液相色谱仪的基本结构和工作原理，以及初步掌握其操作技能。

二、实验原理

计算理论塔板数的公式 $n = 5.54 \left(\dfrac{t_R}{Y_{1/2}} \right)^2$；

分离度 $R = \dfrac{2(t_{R_2} - t_{R_1})}{Y_2 + Y_1}$

速率理论及范第姆特方程式对研究影响高效液相色谱的柱效的各种因素同样具有指导意义：$H = A + B/u + Cu$。由于组分在液体中的扩散系数很小，从纵向扩散（分子扩散）项（B/u）对色谱峰扩展的影响实践上可忽略，而传质阻力项（Cu）则成为柱效的主要因素，可见要提高液相色谱的柱效能，提高柱内填料装填的均匀性和减小粒度，以加快传质的速率是非常重要的，目前的固定相一般为 5~10μm 的微粒，而装填的技术优劣直接影响到色谱柱的柱效能。除此之外，还要考虑一些柱外峰变宽的因素，其中包括进样器的死体积和进样技术等所引起的，以及由柱后连接管、检测器流通池体积所引起的柱前、柱后峰变宽。

三、仪器与试剂

1.仪器

岛津 LC-6A 液相色谱仪，UV 检测器，微量进样器，超声波发生器。

2. 试剂

苯、萘、甲醇、正己烷为分析纯试剂；水为两次重蒸水，再经 $0.45\mu m$ 滤膜过滤；标准储备液：配制含苯、萘各 $1000\mu g \cdot mL^{-1}$ 的正己烷溶液，混合备用；标准使用液：用上述储备液配制成 $10\mu g \cdot mL^{-1}$ 的正己烷溶液，混合备用。

四、实验步骤

1. 色谱操作条件

色谱柱：长 15cm 或 25cm、直径 4.6mm 的 C_{18} 柱（$5\mu m$ 粒度的固定相）。

流动相：甲醇和水按适当比例；流速 $0.5mL \cdot min^{-1}$ 和 $1mL \cdot min^{-1}$。

紫外检测器：波长 254nm；

进样量：$20\mu L$。

2. 将配制好的流动相置于超声波器上脱气 15min。

3. 开机，调整流速为 $0.5mL \cdot min^{-1}$，调整仪器至稳定状态，即基线稳定。

4. 进样 $20\mu L$ 标准使用液。

5. 将流动相流速改为 $1mL \cdot min^{-1}$，稳定后，再进样。记录结果。

五、数据处理

1. 记录实验条件：色谱柱和固定相；流动相及其流速。

2. 测定色谱图中各峰的 t_R 及相应的色谱峰的半峰宽 $Y_{1/2}$；计算对应的理论塔板数。计算分离度。

六、思考题

1. 做液相色谱实验时，应该有哪些注意事项？
2. 画出液相色谱流程图。

实验二十一　果汁（苹果汁）中有机酸的分析

一、实验目的

1. 了解高效液相色谱仪的基本结构、工作原理以及初步掌握其操作技能。
2. 学习 HPLC 保留值法定性分析。
3. 学会利用内标法定量的分析方法。

二、实验原理

在食品中，主要的有机酸是乙酸、丁二酸、苹果酸、柠檬酸、酒石酸等。它们可能来自原料、发酵过程或是添加剂。苹果汁中的有机酸主要是苹果酸和柠檬酸，本实验采用 HPLC 分离上述有机酸。分离的原理是利用分子状态的有机酸的疏水性，使其在 C_{18} 键合相色谱柱中能够保留。由于不同有机酸的疏水性不同，疏水性大的有机酸在固定相中保留强，较晚流出色谱柱，否则较早流出，从而使各组分得到分离。

高效液相色谱法的定性和定量分析，与气相色谱法相似。在定性分析中，采用保留值定性，或与其他定性能力强的仪器分析方法（如质谱法、红外吸收光谱法等）联用。

在定量分析中，采用测量峰面积的归一化法、内标法或外标法等。内标法就是将准确称量的纯物质作为内标物，加入到准确计量的样品中，根据内标物和样品的量及相应的峰面积 A 求出待测组分的含量。此法的优点是定量准确，操作条件和进样量不必严格控制，限制条件较少，不要求样品中所有组分都出峰。当样品中组分不能全部流出色谱柱、某些组分在检测器上无信号或只需测定样品中的个别组分时，可采用内标法。

本实验采用内标法，选择酒石酸为内标物，只对苹果汁中的苹果酸和柠檬酸进行定量分析。

三、仪器与试剂

1. 仪器

LC-20AT 高效液相色谱仪（日本岛津制作，包括两台高压输液泵、一台紫外-可见分光光度检测器、一个六通阀和色谱工作站），超声仪；平头注射器：50μL。

2. 试剂

（1）磷酸二氢铵（优级纯）：配制 0.8mmol·L^{-1}、0.2mmol·L^{-1} 的水溶液，经 0.45μm 滤膜过滤后使用；

（2）苹果酸（优级纯）标准贮备溶液：准确称取一定量的苹果酸，用重蒸水配制 1000mg·L^{-1} 的溶液，作为贮备液；

（3）柠檬酸、酒石酸（皆为优级纯）标准贮备液（方法同苹果酸）；

（4）苹果酸、柠檬酸和酒石酸的标准溶液：将上述3种贮备液定量稀释5倍，即得到 200mg·L^{-1} 的3种有机酸的标准溶液，经 0.45μm 滤膜过滤后使用；

（5）3种有机酸的标准混合溶液：各含约 200mg·L^{-1}，经 0.45μm 滤膜过滤后使用；

（6）苹果汁：市售苹果汁用 0.45μm 滤膜过滤后使用。

四、实验步骤

1. 色谱操作条件

流动相：0.8mmol·L^{-1} 和 0.2mmol·L^{-1} 磷酸二氢铵水溶液，比例为 1:1（体积比），使用前超声脱气 20min；

流速：1.0mL·min^{-1}；

进样量：20μL；

检测器：紫外检测器，波长 210nm；

柱温：30 ℃；

色谱柱：C$_{18}$ 柱 150mm×4.6mm，不锈钢柱。

2. 仪器操作

（1）开机　接通电源，依次开启不间断电源、b泵、a泵、检测器，待泵和检测器自检结束后，打开打印机、计算机显示器、主机，最后打开色谱数据工作站。

（2）参数设置

① 波长设定　在检测器显示初始屏幕时，按［func］键，用数字键输入所需波长值"210"，按［enter］键确认。按［ce］键退出到屏幕。

② 流速设定　在a泵显示初始屏幕时，按［func］键，用数字键输入所需的流速"1.0"，按［enter］键确认。按［ce］键退出到屏幕。

③ 流动相比例设定　在a泵显示初始屏幕时，按［concer］键，用数字键输入流动相b的体积分数 25%，按［enter］键确认。按［ce］键退出到屏幕。

（3）更换流动相并排气泡

① 将a/b管路的洗滤器分别放入装有准备好的流动相 0.8mmol·L^{-1} 和 0.2mmol·L^{-1}

磷酸二氢铵水溶液的贮液瓶中。

② 逆时针转动 a/b 泵的排液阀 180°，打开排液阀。

③ 按 a/b 泵的 [purge] 键，purge 指示灯亮，泵大约以 9.9mL·min^{-1} 的流速冲洗，3min（可自动设置）后自动停止。

④ 将排液阀顺时针旋转到底，关闭排液阀。

⑤ 如管路中仍有气泡，则重复以上操作直至气泡排尽。

⑥ 如按以上方法不能排尽气泡，从柱入口处拆下连接管，放入废液瓶中，设流速为 5mL·min^{-1}，按 [pump] 键，冲洗 3min 后再按 [pump] 键停泵，重新装上柱并将流速重设为规定值。

(4) N2000 色谱工作站的使用

① 点击计算机桌面上色谱工作站图标，点击打开所用的通道，点击"OK"。

② 输入实验标题、实验人姓名、实验日期等信息。

③ 点击方法，依次设置采样控制、积分、谱图显示等。

④ 点击数据采集，再点击查看基线，如果基线平稳就可以进行分析了。

(5) 进样

① 进样前按检测器 [zero] 键调零，按软件中的 [零点校正] 按钮校正基线零点，再按一下 [查看基线] 按钮使其弹出。

② 用试样溶液清洗注射器，并排除气泡后抽取适量。

3. 定性测定

(1) 分别注入 3 种有机酸的标准溶液，点击采集数据，记录各峰的保留时间 t_R。

(2) 在 100mL 容量瓶中加入准确称量的待测苹果汁样品。再准确加入一定量的内标物酒石酸样品，记录各自的称量值，摇匀待用。

(3) 取上述 20μL 待测溶液，点击采集数据，开始测试，得到由 3 个主要峰组成的色谱图，以合适的文件名保存图谱，然后打印，记录峰的保留时间等信息，根据 (1) 中的各种物质的保留时间，进行定性分析。

4. 定量测定

(1) 注入有机酸混合标样，记录酒石酸、苹果酸和柠檬酸的峰面积，用于计算苹果酸和柠檬酸相对于酒石酸的校正因子。

(2) 取待测溶液 20μL 进样，记录酒石酸、苹果酸和柠檬酸峰面积。

5. 按关机程序关机。

五、数据处理

(1) 根据第 3 步 (1) 记录的酒石酸、苹果酸和柠檬酸的保留时间，对未知物进行定性分析。

(2) 相对校正因子的测定：根据第 4 步 (1) 记录标准的混合溶液中酒石酸、苹果酸和柠檬酸峰面积，按下式计算苹果酸和柠檬酸对于酒石酸的相对校正因子。

$$f_{i,s} = \frac{m_i A_s}{m_s A_i}$$

式中，m_i，A_i 及 m_s，A_s 分别为有机酸混合标样中待测物（苹果酸或柠檬酸）和内标物酒石酸的质量和峰面积。

（3）根据第 4 步（2）记录待测溶液中酒石酸、苹果酸和柠檬酸的峰面积，按下式计算苹果酸和柠檬酸的质量分数。

$$w_i = (\frac{A_i m_s f_{i,s}}{A_s m}) \times 100\%$$

式中，$f_{i,s}$ 为苹果酸或柠檬酸相对于酒石酸的相对校正因子；A_i，A_s 为待测溶液苹果酸或柠檬酸及内标物酒石酸的峰面积；m_s 为内标物的质量；m 为待测试样的总质量。

六、注意事项

1. 配制样品时，称量一定要准确。
2. 实验结束后以纯水为流动相，冲洗色谱柱，以避免柱的堵塞。

七、思考题

1. 简述液相色谱仪的基本组成和使用注意事项。
2. 与气相色谱法相比，液相色谱法有什么特点？
3. 在内标法定量分析中，内标的选择有什么考虑？

实验二十二　液相色谱法测定污染水样中的苯和甲苯

一、实验目的

1. 熟悉液相色谱仪的整套装置、工作原理、工作流程；会较熟练操作和使用化学工作站。
2. 掌握外标法测定苯和甲苯的实验方法。

二、实验原理

液相色谱法就是同一时刻进入色谱柱中的各组分，由于在流动相和固定相之间溶解、吸附、渗透或离子交换等作用的不同，随流动相在色谱柱中运行时，在两相间进行反复多次（$10^3 \sim 10^6$ 次）的分配过程，使得原来分配系数具有微小差别的各组分，产生了保留能力明显差异的效果，进而各组分在色谱柱中的移动速度就不同，经过一定长度的色谱柱后，彼此分离开来，最后按顺序流出色谱柱而进入信号检测器，在记录仪上或色谱数据机上显示出各组分的色谱行为和谱峰数值。测定各组分在色谱图上的保留时间（或保留距离），可直接进行组分的定性；测量各峰的峰面积，即可作为定量测定的参数，采用工作曲线法（即外标法）测定相应组分的含量。

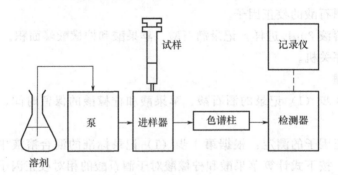

图 3-6　高效液相色谱仪流程图

高效液相色谱仪是实现液相色谱分离分析过程的装置，如图 3-6 所示。贮液器中存贮的载液（用作流动相的液体常需除气）经过过滤后由高压泵输送到色谱柱入口（当采用梯度洗脱时，一般需用双泵系统来完成输送）。样品由进样器注入载液系统，而后送到色谱柱进行分离。分离后的组分由检测器检测，输出信号供给记录仪或数据处理装置。如果需收集馏分作进一步分析，则在色谱柱出口将样品馏分收集起来，对于非破坏型检测器，可直接收集通过检测器后的流出液。其中输液泵，色谱柱及检测器是仪器的关键部件。

三、仪器与试剂

1. 仪器

液相色谱仪（Waters 公司），微量注射器，容量瓶。

2. 试剂

甲醇（色谱纯），二次蒸馏水，苯，甲苯。

四、实验步骤

1. 配制标准溶液

以苯为溶剂，于容量瓶中配制甲苯标准溶液，浓度分别为 1.0×10^{-5}、5.0×10^{-6}、1.0×10^{-6} 和 $1.0\times10^{-7}\,\mathrm{mol\cdot L^{-1}}$。

2. 开启计算机及色谱仪各部分电源，待仪器自检完毕准备使用。

3. 用微量注射器准确抽取 $5.0\,\mu L$ 溶液，注射入进样口。注意不要将气泡抽入针筒。在相同的色谱条件下，分别测定苯、甲苯各标准溶液及浓度未知样品。

五、数据处理

1. 确定色谱图上各主要峰的归属。
2. 求出未知样品中苯和甲苯的含量。

六、思考题

1. 如何选择合适的色谱柱？
2. 哪些条件会影响浓度测定值的准确性？
3. 与气相色谱法比较，液相色谱法有哪些优点？

实验二十三 气相色谱-质谱联用仪对农药的定性定量分析

一、实验目的

1. 掌握 GC-MS 工作的基本原理。
2. 了解仪器的基本结构及操作。
3. 学会谱图的定性定量分析。

二、实验原理

1. 气相色谱（GC）

气相色谱（Gas Chromatography，GC）是一种分离技术。GC 是以惰性气体作为流动相，利用试样中各组分在色谱柱中的气相和固定相间的分配系数不同，当汽化后的试样被载气带入色谱柱中运行时，组分就在其中的两相间进行反复多次（$10^3\sim10^6$）的分配（吸附-脱附）由于固定相对各种组分的吸附能力不同（即留存作用不同），因此各组分在色谱柱中的运行速度就不同，经过一定的柱长后，便彼此分离，顺序离开色谱柱进入检测器，产生的离子流信号经放大后，在记录器上描绘出各组分的色谱峰。气相色谱分析于 1952

年出现，经过 60 多年的发展已成为重要的近代分析手段之一，由于它具有分离效能高、分析速度快、定量结果准、易于自动化等特点；且当其与质谱、计算机结合进行色-质联用分析时，又能对复杂的多组分混合物进行定性和定量分析。

2. 质谱（MS）

质谱分析法（Mass Spectrometry，MS）是在高真空系统中测定样品的分子离子及碎片离子质量，以确定样品相对分子质量及分子结构的方法。化合物分子受到电子流冲击后，形成的带正电荷分子离子及碎片离子，按照其质量 m 和电荷 z 的比值 m/z（质荷比）大小依次排列而被记录下来，形成相应的质谱图。质谱不是波谱，而是物质带电粒子的质量谱。根据质谱峰出现的位置，可进行定性分析，根据质谱峰的强度可进行定量分析。

3. 气质联用（GC-MS）

色谱法对有机化合物是一种有效的分离分析方法，特别适合于进行有机化合物的定量分析，但定性分析则比较困难；而质谱法可以进行有效的定性分析，但对复杂有机化合物的分析就显得无能为力。因此，这两者的有效结合必将为化学家及生物化学家提供一个复杂有机化合物的高效定性、定量分析工具。将两种或两种以上方法结合起来的技术称之为联用技术，将气相色谱仪和质谱仪联合起来使用的仪器叫做气-质联用仪。

气相色谱仪分离样品中各个组分，起着样品制备的作用；接口把气相色谱流出的各个组分送入质谱仪进行检测；质谱仪对接口引入的各个组分进行分析，成为气相色谱的检测器；计算机系统控制气相色谱仪、接口和质谱仪，进行数据采集和处理。

三、仪器与试剂

1. 仪器

气相色谱质谱联用仪 GC-MS 2010 plus（日本岛津公司）；毛细管气相色谱柱：Rtx-1，30m ×0.25mm ×0.25μm。

2. 试剂

标准样品：六六六，测试样品：从环境样品中提取出来的六六六。

四、实验步骤

1. 扫描模式下的农药标样的质谱图

在常规扫描（SCAN）模式下的六六六标样的质谱图，得到通常的总离子流图（TIC）。

2. 特征离子的选择

依据质谱图，决定每个农药标样的特征离子质量数，应满足以下原则：①表征某一特定组分的碎片离子丰度应尽量大，以确保检测灵敏度；②用以表征每个标样的特征离子质量数，应当是唯一的，尽量不与表征其他标样的特征离子质量数相同，从而使每个选定的质量数都具有专属性。据上述筛选原则，选定的各农药的特征离子的质荷比。

3. 目标物的测定

在选择离子模式（SIM）下，只选择特征离子峰进行监测，有效地降低背景干扰，提高待测组分的信噪比，使整个分析系统的灵敏度得到了提高。在相同色谱条件下用常规扫描模式（SCAN）所得到的总离子流图（Total Ion Chromatogram，TIC）和选择离子模式（SIM）得到的选择离子监测图（Mass Fragmentogram，MF）。

五、数据处理
1. 利用质谱图对色谱流出曲线上的每一个色谱峰对应的化合物进行定性鉴定。
2. 利用标准品的峰高或峰面积对环境样品中萃取出来的农药进行定量分析。

六、注意事项
1. 不要随意按动仪器操作面板上的按钮，以免出现不必要的故障。
2. 不要碰进样口或随意打开柱温箱，小心烫伤或仪器出错报警。
3. 农药具有致癌作用，实验完毕请及时洗手。

七、思考题
1. 具有什么特点的样品能够使用气相色谱仪进行分析？
2. 质谱仪的主要功能是什么？

实验二十四 高效液相色谱法测定双黄连口服液中黄芩苷的含量

一、实验目的
1. 练习使用高效液相色谱仪。
2. 学会用外标法定量分析。

二、实验原理
外标法可分为外标一点法、外标二点法及标准曲线法。当标准曲线截距为零时，可用外标一点法进行定量。利用高效液相色谱法分离双黄连口服液中的黄芩苷，在 λ_{max} 274nm 处进行检测。在药物分析中，为了减小实验条件波动对分析结果的影响，采用随行外标一点法定量，即每次测定都同时进对照品与供试品溶液。

三、仪器与试剂
1. 仪器

高效液相色谱仪，超声波提取器，分析天平，微量注射器，ODS-C_{18} 反相色谱柱，容量瓶（25mL、50mL）。

2. 试剂

黄芩苷对照品（中国药品生物制品检定所），双黄连口服液（市售），甲醇（色谱纯），冰醋酸（AR），双蒸水。

四、实验步骤
1. 色谱条件

用十八烷基硅烷键合硅胶为填充剂；甲醇-水-冰醋酸（50：50：1）为流动相；检测波长为274nm。理论塔板数按黄芩苷峰计应不低于1500。

2. 对照品溶液的制备

精密称取黄芩苷对照品适量，加50%甲醇制成 $0.05mg \cdot mL^{-1}$ 的溶液，0.45μm 滤膜滤过，即得。

3. 供试品溶液的制备

精密量取双黄连口服液 1.00mL，置 50mL 容量瓶中，加 50%甲醇适量，超声处理 20min，放置至室温，加 50%甲醇稀释至刻度，摇匀，0.45μm 滤膜滤过，即得。

4. 样品测定

分别精密吸取对照品溶液与供试品溶液 5μL，注入液相色谱仪定量分析。样品每 1mL

含黄芩以黄芩苷计不得少于 8mg。

五、注意事项
1. 进样量要准确，不得有气泡。
2. 标液浓度与样品含量接近。

六、思考题
1. HPLC 中常用的定量方法有几种？外标一点法有何优缺点？
2. 紫外检测器的优缺点是什么？

实验二十五　高效液相色谱法测定饮料中的咖啡因

一、实验目的
1. 学习高效液相色谱仪的操作。
2. 了解高效液相色谱法测定咖啡因的基本原理。
3. 掌握高效液相色谱法进行定性及定量分析的基本方法。

二、实验原理
咖啡因又称咖啡碱，是由茶叶或咖啡中提取而得的一种生物碱，它属黄嘌呤衍生物，化学名称为 1,3,7-三甲基黄嘌呤。咖啡因能兴奋大脑皮层，使人精神兴奋。咖啡中含咖啡因约为 1.2%～1.8%，茶叶中约含 2.0%～4.7%。可乐饮料、APC 药片等中均含咖啡因。咖啡因分子式为 $C_8H_{10}O_2N_4$，结构式为：

定量测定咖啡因的传统分析方法是采用萃取分光光度法。用反相高效液相色谱法将饮料中的咖啡因与其他组分（如：单宁酸、咖啡酸、蔗糖等）分离后，将已配制的浓度不同的咖啡因标准溶液进入色谱系统。如流动相流速和泵的压力在整个实验过程中是恒定的，测定它们在色谱图上的保留时间 t_R 和峰面积 A 后，可直接用 t_R 定性，用峰面积 A 作为定量测定的参数，采用工作曲线法（即外标法）测定饮料中的咖啡因含量。

三、仪器与试剂
1. 仪器

Agilent 1100 高效液相色谱仪；色谱柱：Kromasil C_{18}，5μm，150mm×4.6mm；流动相：30%甲醇（色谱纯）+70%高纯水；流动相进入色谱系统前，用超声波发生器脱气 10min；20μL 平头微量注射器。

2. 试剂

咖啡因标准贮备溶液：将咖啡因在 110 ℃下烘干 1 h。准确称取 0.1000 g 咖啡因，用二次蒸馏水溶解，定量转移至 100mL 容量瓶中，并稀释至刻度。标样浓度 1000 μg·mL^{-1}；饮料试液：可口可乐，茶叶，速溶咖啡。

四、实验步骤
1. 色谱操作条件：泵的流速为 1.0mL·min^{-1}；检测波长为 275nm；进样量为 10μL；柱温为室温。

2. 标准贮备液配制质量浓度分别为 20、40、60、80 $\mu g \cdot mL^{-1}$ 的标准系列溶液（1、2、3、4mL 稀释为 50mL）。

3. 仪器基线稳定后，进咖啡因标准样，浓度由低到高。

4. 样品处理如下：(1) 将约 25mL 可口可乐置于一 100mL 洁净、干燥的烧杯中，剧烈搅拌 30min 或用超声波脱气 5min，以赶尽可乐中二氧化碳。(2) 准确称取 0.04 g 速溶咖啡，用 90 ℃蒸馏水溶解，冷却后待用。(3) 准确称取 0.04 g 茶叶，用 20mL 蒸馏水煮沸 10min，冷却后，将上层清液按此步骤再重复一次。将上述三种样品分别转移至 50mL 容量瓶中，并定容至刻度。

5. 上述三份样品溶液分别进行干过滤（即用干漏斗、干滤纸过滤），弃去前过滤液，取后面的过滤液，备用。

6. 分别取 5mL 可口可乐、咖啡和茶叶试样用 0.45μm 的过滤膜过滤后，注入 2mL 样品瓶中备用。

7. 按"Agilent 1100 高效液相色谱仪操作规程"分析饮料试液。

五、数据处理

1. 测定每一个标准样的保留时间（进样标记至色谱峰顶尖的时间）。
2. 确定未知样中咖啡因的出峰时间。
3. 求取样品中咖啡因的浓度。

六、注意事项

1. 不同的可口可乐、茶叶、咖啡中咖啡因含量不大相同，称取的样品量可酌量增减。
2. 若样品和标准溶液需保存，应置于冰箱中。
3. 为获得良好结果，标准和样品的进样量要严格保持一致。

七、思考题

1. 用标准曲线法定量的优缺点是什么？
2. 根据结构式，咖啡因能用离子交换色谱法分析吗？为什么？
3. 在样品干过滤时，为什么要弃去前过滤液？这样做会不会影响实验结果？为什么？

实验二十六　离子色谱法测定水中 F^-、Cl^-、NO_3^-、PO_4^{3-}

一、实验目的

1. 了解离子色谱的工作原理，定性和定量分析原理。
2. 掌握 Metrohm 883 离子色谱仪基本构造。
3. 掌握 Metrohm 883 离子色谱仪测定水中常见阴离子（F^-、Cl^-、NO_3^-、PO_4^{3-}）的操作方法。

二、实验原理

色谱法是一种分离方法，是利用物质在两相中吸附或分配系数的微小差别达到分离的目的。一般而言，色谱过程中不同组分在相对运动、不相混溶的两相间交换，其中相对静止的一相称固定相，相对运动的一相称流动相。不同组分在两相间的吸附、分配、离子交换、亲和力或分子尺寸等性质上存在微小差别，经过连续多次在两相间的质量交换，这种性质微小差别被叠加、放大，最终得到分离。不同组分性质上的微小差别是色谱分离的根本,是必要条件;而不同组分在两相之间进行上千次甚至上百万次的质量交换是色谱分离的充分条件。

分离系统是填充离子交换树脂的分离柱,这是离子色谱的关键部分。在柱内,待测阴离子在 HCO_3^-(对阴离子交换一般采用 $NaHCO_3$-Na_2CO_3 为洗提剂)洗提液的携带下,在树脂上发生下列交换反应:

$$X^- + HCO_3^- N^+ R\text{-树脂} \rightleftharpoons XN^+ R\text{-树脂} + HCO_3^-$$

其交换平衡常数为:

$$K = \frac{[XN^+ R\text{-树脂}][HCO_3^-]}{[HCO_3^- N^+ R\text{-树脂}][X^-]}$$

式中,X^- 为待测的溶质阴离子,它与树脂的作用力大小取决于自身的半径大小、电荷的多少及形变能力。因此,不同的离子被洗提的难易程度不同,一般阴离子洗提的顺序为:F^-、Cl^-、NO_2^-、HPO_4^{2-}、Br^-、NO_3^-、PO_4^{3-}。

该仪器的检测系统采用电导检测器。但是,从分离柱流出的溶液不仅含有被分离的待测离子,而且还包括洗提液 $NaHCO_3$ 或 Na_2CO_3 的离子。因此,溶液在进入电导池之前流入纤维薄膜再生抑制柱。该薄膜仅允许阳离子渗透。分离柱出来的溶液由薄膜内流过,膜外以逆流方式通过一定浓度的硫酸。这样,Na^+、H^+ 分别透过薄膜,HCO_3^- 及 CO_3^{2-} 被中和:

$$HCO_3^- + H^+ \longrightarrow H_2CO_3$$
$$CO_3^{2-} + 2H^+ \longrightarrow H_2CO_3$$

碳酸的离解度很小,其电导率很低,所以通过电导池的溶液主要显示待测离子的电导率。

通常将抑制柱和电导检测器结合的电导检测器称为抑制型电导检测器,它与传统的离子交换色谱相比具有独特的分析效能,这种液相色谱法称为离子色谱法。

三、仪器与试剂

1. 仪器

Metrohm 883 离子色谱仪,100mL 容量瓶,移液管,注射器,一次性过滤膜。

2. 试液

混合阴离子标准溶液:

Standard 1,F^- 1mg·L^{-1},Cl^- 1mg·L^{-1},NO_3^- 1mg·L^{-1},PO_4^{3-} 1mg·L^{-1};
Standard 2,F^- 2mg·L^{-1},Cl^- 2mg·L^{-1},NO_3^- 2mg·L^{-1},PO_4^{3-} 2mg·L^{-1};
Standard 3,F^- 5mg·L^{-1},Cl^- 5mg·L^{-1},NO_3^- 5mg·L^{-1},PO_4^{3-} 5mg·L^{-1};
Standard 4,F^- 10mg·L^{-1},Cl^- 10mg·L^{-1},NO_3^- 10mg·L^{-1},PO_4^{3-} 10mg·L^{-1}。

四、实验步骤

1. 测定条件

进样量 20μL;洗提液 1.8mmol·L^{-1} $NaHCO_3$+1.7mmol·L^{-1} Na_2CO_3,洗提液流速 2~4mL·min^{-1};电导灵敏度选择 10~30μS。

2. 进混合标准溶液试样。

3. 进水样,测定 F^-、Cl^-、NO_3^-、PO_4^{3-}。

五、数据处理

$$阴离子浓度 = \frac{h_{试} \times c_{标}}{h_{标}}$$

式中，$h_{试}$ 为试样中相应待测离子产生的峰高，cm；$h_{标}$ 为标准溶液中相应离子产生的峰高，cm；$c_{标}$ 为标准溶液中相应离子的浓度，mg·L^{-1}。

注意：本实验也可采用标准曲线法。

标准曲线法是将被测组分的标准物质配制成不同浓度的标准溶液，经色谱分析后制作一条标准曲线，即物质浓度与其峰面积（或峰高）的关系曲线。根据样品中待测组分的色谱峰面积（或峰高），从标准曲线上查得相应的浓度。标准曲线的斜率与物质的性质和检测器的特性相关，相当于待测组分的校正因子。

六、思考题

1. 离子色谱仪的工作原理是什么？
2. 离子色谱仪是如何抑制洗提液 $NaHCO_3$-Na_2CO_3 的电导的？

3.3 光谱分析实验

实验二十七 火焰光度法测定样品中的钾、钠

一、实验目的

1. 学习和熟悉火焰光度法测定样品中钾、钠的方法。
2. 加深对火焰光度法原理的理解。
3. 了解火焰光度计的结构及使用方法。

二、实验原理

以火焰为激发源的原子发射光谱法叫火焰光度法，它是利用火焰光度计测定元素在火焰中被激发时发射出的特征谱线的强度进行定量分析。火焰光度法又叫做火焰发射光谱法。

当样品溶液经雾化后喷入燃烧的火焰中，溶剂在火焰中蒸发，试样熔融后转化为气态分子，继续加热又解离为原子，再由火焰高温激发而发射特征光谱，用单色器把元素所发射的特定波长的光分离出来，经光电检测系统进行光电转换，再由检测计测出特征谱线的强度。用火焰光度法进行定量分析时，若激发的条件保持一定，则谱线的强度（I）与待测元素的浓度（c）成正比，可以用下式表示：

$$I = ac^b$$

式中，a 为与待测元素的激发电位、激发温度及试样组成等有关的系数，当实验条件固定时，a 为常数；b 为谱线的自吸收系数。

当浓度很低时，自吸收可忽略不计，此时 $b=1$，则

$$I = ac$$

通过测量待测元素特征谱线的强度，即可进行定量分析。

K、Na 元素通过火焰燃烧容易激发而发出不同能量的谱线，用火焰光度计测定 K 原子发射的 766.8nm 和 Na 原子发射的 589.0nm 这两条谱线的相对强度，利用标准曲线法可进行 K、Na 的定量测定。为了抵消 K、Na 间的相互干扰，其标准溶液可配成 K、Na 混合标准溶液。

本实验使用液化石油气（或汽油）-空气火焰。

三、仪器与试剂

1. 仪器

火焰光度计；吸量管（5mL、1mL），容量瓶（50mL），聚乙烯试剂瓶；分析天平（0.1 g）。

2. 试剂

（1）$1.000 \text{ g} \cdot \text{L}^{-1}$ K 的贮备标准溶液　称取 0.9534 g 于 105℃烘干 4~6 h 的 KCl（AR），溶于水后，转入 500mL 容量瓶中，加水稀释至刻度，摇匀，转入聚乙烯试剂瓶中贮存。

（2）$1.000 \text{ g} \cdot \text{L}^{-1}$ Na 的贮备标准溶液　称取 1.2708 g 于 110℃烘干 4~6 h 的 NaCl（AR），溶于水后，转入 500mL 容量瓶中，加水稀释至刻度，摇匀，转入聚乙烯试剂瓶中贮存。

（3）K、Na 混合标准工作溶液　移取 5.00mL K 贮备标准溶液、2.50mL Na 贮备标准溶液于 50mL 容量瓶中，加水稀释至刻度，摇匀。此标准溶液中含 $100 \text{mg} \cdot \text{L}^{-1}$ K，含 $50 \text{mg} \cdot \text{L}^{-1}$ Na。

（4）待测溶液的配制　配制约含 $250 \text{mg} \cdot \text{L}^{-1}$ K，含 $125 \text{mg} \cdot \text{L}^{-1}$ Na 的未知试样。

四、实验步骤

1. 标准系列溶液的配制

在五个 50mL 容量瓶中，分别加入 1.00、2.00、3.00、4.00、5.00mL K、Na 混合标准工作溶液，加水稀释至刻度，摇匀。

2. 样品溶液的配制

取 1.00mL 待测溶液于 50mL 容量瓶中，加蒸馏水至刻度，摇匀。

3. K、Na 含量的测定

按使用方法开动仪器并点火，选择适当的灵敏度并用蒸馏水喷雾调零，用标准曲线中浓度最大的溶液调节仪器的满刻度。仪器预热 10~20min 后，由稀到浓一次测定标准系列溶液和未知试样溶液的发射强度（I），每个溶液要测定三次，取平均值。

五、数据处理

以浓度为横坐标，K、Na 的发射强度为纵坐标，分别绘制 K、Na 的标准曲线。由未知试样的发射强度求出样品中 K、Na 的含量（用质量分数表示）。

六、思考题

1. 火焰光度计中滤光片有什么作用？
2. 如果标准系列溶液浓度范围过大，则标准曲线会弯曲，为什么会有这种情况？

实验二十八　电感耦合等离子体发射光谱法（ICP-AES）测定废水中镉、铬含量

一、实验目的

1. 学习和熟悉 ICP-AES 法测定废水中镉、铬的方法。
2. 加深对发射光谱原理的理解。

3. 了解电感耦合等离子体发射光谱仪的结构及使用方法。

二、实验原理

电感耦合等离子体光谱仪主要由高频发生器、ICP 矩管、耦合线圈、进样系统、分光系统、检测系统及计算机控制、数据处理系统构成。ICP 光源具有激发能力强、稳定性好，基体效应小、检出限低等优点。由于 ICP 光源无自吸现象，标准曲线的直线范围很宽，可达到几个数量级，因而，多数标准曲线是按 $b=1$ 绘制的，即 $I=ac$。当有显著的光谱背景时，标准曲线可以不通过原点，曲线方程为 $I=ac+d$，d 为直线的截距。可以用标准曲线法、标准加入法及内标法进行光谱定量分析。

三、仪器与试剂

1. 仪器

岛津 ICPS-1000 Ⅱ 型顺序式扫描光谱仪或多道固定狭缝式光电直读光谱仪。

2. 试剂

（1）$1.0\ g \cdot L^{-1}$ 镉标准贮备液 准确称取 0.5000 g 金属镉于 100mL 烧杯中，用 5mL $6\ mol \cdot L^{-1}$ 的盐酸溶液溶解，然后全部转移到 500mL 容量瓶中，用 $10\ g \cdot L^{-1}$ 盐酸稀释至刻度，摇匀备用。可以稀释 100 倍为镉标准使用溶液。

（2）$1.0\ g \cdot L^{-1}$ 铬标准贮备液 准确称取 3.7349 g 预先干燥过的 K_2CrO_4 于 100mL 烧杯中，用 20mL 水溶解，全部转移到 1000mL 容量瓶中，用水稀释至刻度，摇匀备用。可以稀释 100 倍为铬标准使用溶液。

（3）K_2CrO_4（GR），金属镉（GR），浓 HCl（AR），配制用水均为二次蒸馏水。

四、实验步骤

1. ICPS-1000 Ⅱ 型顺序式扫描光谱仪工作参数调置如下。

（1）分析线波长 Cd 226.502nm、Cr 267.716nm；

（2）入射功率 1 kW；

（3）氩冷却气流量 $12 \sim 14\ L \cdot min^{-1}$；

（4）氩辅助气流量 $0.5 \sim 0.8\ L \cdot min^{-1}$；

（5）氩载气流量 $1.0\ L \cdot min^{-1}$；

（6）试液提升量 $1.5\ mL \cdot min^{-1}$；

（7）光谱观察高度 感应线圈以上 $10 \sim 15min$；

（8）积分时间 15s。

2. 按照 ICP-AES 光电直读光谱仪的基本操作步骤完成准备工作，开机及点燃 ICP 炬。进行单色仪波长校正，然后输入工作参数。

3. 按单元素定量分析程序，输入分析元素、分析线波长及最佳工作条件等。

4. 喷入标准溶液，进行预标准化。

5. 进行标准化，绘制标准曲线。

6. 喷入工业废水试液，采集测试数据。根据试样数据，进行计算机自动在线结果处理。打印测定结果。

7. 按照关机程序，退出分析程序，进入主菜单，关蠕动泵、气路，关 ICP 电源及计算机系统，最后关冷却水。

五、数据处理
1. 绘制标准曲线。
2. 报告测定结果。

六、注意事项
1. 测试完毕后，进样系统用去离子水喷洗 3min 再关机，以免试样沉积在雾化器口和石英炬管口。
2. 先降高压、熄灭 ICP 炬，再关冷却气、冷却水。
3. 等离子体发射很强的紫外光，易伤眼睛，应通过有色玻璃防护窗观察 ICP 炬。

七、思考题
1. 为什么本实验不用内标法？
2. 为什么 ICP 光源能够提高原子发射光谱分析的灵敏度和准确度？
3. 简述点燃 ICP 炬的操作过程。

实验二十九　紫外分光光度法测定饮料中的防腐剂——苯甲酸

一、实验目的
1. 了解和熟悉紫外分光光度计。
2. 掌握紫外分光光度法测定苯甲酸的方法和原理。

二、实验原理
为了防止食品在贮存、运输过程中发生腐败、变质，常在食品中添加少量防腐剂。防腐剂使用的品种和用量在食品卫生的相关行业标准中都有严格的规定，苯甲酸及其钠盐、钾盐是食品卫生行业标准允许使用的主要防腐剂之一，其使用量一般在 0.1% 左右。苯甲酸具有芳香结构，在波长 225nm 和 272nm 处有 K 吸收带和 B 吸收带。根据苯甲酸（钠）在 225nm 处有最大吸收，测得其吸光度。因为紫外分光光度法定量分析的理论依据是朗伯-比尔定律：

$$A = KcL$$

式中，A 为吸光度；K 为吸光系数；c 为浓度；L 为光程，在实验中常为一定值。因此可用标准曲线法求出样品中苯甲酸的含量。

三、仪器与试剂
1. 仪器

紫外分光光度计（任一型号），吸量管（1mL、5mL），容量瓶（50mL、25mL），分析天平。

2. 试剂

(1) $0.10\text{mg} \cdot \text{mL}^{-1}$ 苯甲酸标准溶液　称取 100mg 苯甲酸（AR，预先经 105℃ 干燥），加入 100mL $0.1\text{mol} \cdot \text{L}^{-1}$ NaOH 溶液，溶解后用水稀释至 1000mL。

(2) $40\mu\text{g} \cdot \text{mL}^{-1}$ 苯甲酸工作标准溶液　取 20.00mL $0.10\text{mg} \cdot \text{mL}^{-1}$ 苯甲酸标准溶液于 50mL 容量瓶中，加水稀释至刻度，摇匀备用。

四、实验步骤
1. 标准系列溶液的配制

在五个 25mL 容量瓶中，分别加入 1.00、2.00、3.00、4.00、5.00mL 的 $40\mu\text{g} \cdot \text{mL}^{-1}$ 苯甲酸工作标准溶液，加水稀释至刻度，摇匀备用。

2. 样品溶液的配制

取 1.00mL 待测溶液（雪碧）于 50mL 容量瓶中，加蒸馏水至刻度，摇匀。

五、数据处理

以质量浓度为横坐标、苯甲酸的吸光度为纵坐标,绘制标准曲线。由未知试样的吸光度求出样品中苯甲酸的含量。

六、思考题

如何利用一元线性回归法绘制标准曲线及计算样品中苯甲酸含量?

实验三十 紫外分光光度法测定维生素C片剂的维生素C含量

一、实验目的

1. 掌握 SPECORD 50 型紫外分光光度计的使用方法。
2. 学习吸收波长在紫外区物质的分光光度分析方法。

二、实验原理

紫外-可见分光光度法是根据溶液中物质的分子或离子对紫外和可见光谱区辐射能的吸收来研究物质的组成和结构的方法。紫外吸收光谱法定性分析的依据主要是基于分子中价电子对紫外光谱产生的分子吸收光谱;定量分析的理论依据是朗伯-比尔定律。

维生素C对于人体骨骼及牙齿的构成极为重要,能阻止及治疗坏血症,又能刺激食欲、促进生长、增强对传染病的抵抗能力,是人体必需的营养之一。维生素C又名丙种维生素及抗坏血酸,其结构式为:

$$\begin{array}{c} CH_2OH \\ | \\ HOCH \\ \diagdown \\ O \\ \diagup \\ \diagdown \\ O \\ HO \quad OH \end{array}$$

从其结构式可知,维生素C是五元环 α,β-不饱和酮,易溶于水,不溶于有机溶剂。橘类、番茄、马铃薯、绿叶蔬菜等含有丰富的维生素C。

三、仪器与试剂

1. 仪器

SPECORD 50 型紫外分光光度计,石英比色皿,100mL 容量瓶,10mL、1mL 刻度移液管,100mL 试剂瓶,50mL 烧杯。

2. 试剂

维生素C片剂(药店购买),$1mol \cdot L^{-1} H_2SO_4$,维生素C标准溶液 $100\mu g \cdot mL^{-1}$。

四、实验步骤

1. $1mol \cdot L^{-1} H_2SO_4$ 配制

浓硫酸($18.4mol \cdot L^{-1}$)稀释 18.4 倍,即用移液管移取浓硫酸溶液 5mL 加入 87mL 蒸馏水中即可。

2. 抗坏血酸标准溶液($100\mu g \cdot mL^{-1}$)配制

用分析天平准确称取抗坏血酸 0.025g,用蒸馏水溶解后定容至 250mL。

3. 配制标准系列溶液

取 100mL 容量瓶 6 只,分别吸取 $100\mu g \cdot mL^{-1}$ 维生素C标准溶液 0.00、2.00、4.00、6.00、8.00、10.00mL,然后分别加入 $1mol \cdot L^{-1} H_2SO_4$ 1.00mL,用蒸馏水稀释至刻度(计算出各溶液的浓度,溶液编号依次为 1 号、2 号、3 号、4 号、5 号、6 号)。

4. 配制维生素 C 片剂样品溶液

取维生素 C 药片一粒于 50mL 烧杯内，加少量水，搅拌使其溶解，转移至 100mL 容量瓶中，用蒸馏水稀释至刻度，摇匀。取此液 1.00mL 于另一 100mL 容量瓶中，加 1mol·L^{-1} H$_2$SO$_4$ 1.00mL，再用蒸馏水稀释至刻度，摇匀，此溶液为待测液。

5. 仪器测试

（1）绘制维生素 C 吸收曲线 取标准系列溶液中浓度为 8μg·mL^{-1} 样品（即 5 号样品），作 190～1100nm（320～220nm 也可）波长范围扫描，得维生素 C 吸收曲线，并确定 λ_{max}。

（2）绘制标准曲线 将 1～6 号溶液按浓度从低至高排列，分别在上述吸收曲线的最适波长 λ_{max} 下分析，得浓度与吸光度的对应值，作浓度与吸光度对应的标准曲线图。

（3）未知液的测定 将维生素 C 药片待测液在同样条件下检测，根据测得的吸光度在标准曲线图上的浓度，求出维生素 C 药片中抗坏血酸的含量。

五、数据处理

1. 计算配制标准系列溶液的浓度。
2. 绘制抗坏血酸的吸收光谱，确定 λ_{max}。
3. 绘制抗坏血酸标准溶液的吸光度与浓度标准曲线，求出标准曲线方程及曲线相关系数平方值。
4. 计算出未知溶液的浓度，并求出维生素 C 药片中抗坏血酸的含量。

六、注意事项

由于抗坏血酸对紫外线有吸收，会缓慢地被氧化成脱氢抗坏血酸，因此，抗坏血酸的贮备液必须每次实验时配制新鲜溶液。

七、思考题

1. 试比较 721 型分光光度计与 SPECORD 50 型分光光度计有哪些区别？
2. 为什么 SPECORD 50 型分光光度计只需一束光即能完成扫描测定？

实验三十一 紫外分光光度法鉴定未知芳香化合物及萘的测定

一、实验目的

1. 学习和掌握用紫外分光光度法定性的原理和方法。
2. 学习紫外分光光度计的使用方法，了解基本结构，掌握紫外分光光度法定量的原理和方法。

二、实验原理

紫外分光光度法其比较重要的用途是用于有机化合物的定性和定量分析方面。因为很多有机化合物及其衍生物在紫外波段有强的吸收光谱，可以把未知试样的紫外吸收光谱图和标准试样（或与标准图谱）比较，当浓度和溶剂相同时，若两者的谱图相同（峰、极小值和拐点的 λ 相同），而且未知样品大体已知时，可以说明它们是同一个化合物。但是在紫外和可见光区域，这些特征的峰、极小值和拐点的数目往往是有限的，且紫外吸收光谱的吸收峰还较宽，两种不同的化合物可能有相同的紫外吸收光谱，对于完全未知的有机化合物，有时可以通过改换溶剂和适当的化学处理之后所得的未知标准光谱对照，不仅比较 λ，还要比较它们的 λ_{max} 和 A 来进一步确证，甚至还要进一步借助红外、核磁和质谱等手段才能最后得出结论。

紫外分光光度法进行定量分析具有快速、灵敏度高及分析混合物中各组分有时不需要事前分离，不需要显色剂，因而不受显色剂温度及显色时间等因素的影响，操作简便等优点，目前广泛用于微量或痕量分析中。但有一个局限性，就是待测试样必须在紫外区有吸收并且在测试浓度范围内服从比尔定律才行。

利用紫外光度法测定试样中单组分含量时，通常先测定物质的吸收光谱，然后选择最大吸收峰的波长进行测定。其原理与一般比色分析相同，可用标准工作曲线法。如果通过实验证明，在测定条件下符合比尔定律，也可以不用标准曲线而与标准品的已知浓度溶液比较求出未知样品浓度。

三、仪器与试剂

1. 仪器

751G 型、752 型及 53WB 型紫外可见分光光度计，1 cm 石英比色皿。

2. 试剂

（1）未知物 1：环己烷溶液，未知物 2：环己烷溶液，未知物 3：乙醇溶液，未知物 4：乙醇溶液。

（2）萘的标准溶液

① $1mg \cdot mL^{-1}$ 的标准萘溶液：准确称取 50mg 色谱纯的萘于小烧杯中，以无水乙醇溶液溶解后定量移入 50mL 容量瓶中，以无水乙醇稀至刻度，摇匀。

② $10\mu g \cdot mL^{-1}$ 的标准萘溶液：由 $1mg \cdot mL^{-1}$ 萘标液准确稀释 100 倍即成。

③ $1\mu g \cdot mL^{-1}$ 的标准萘溶液：由 $10\mu g \cdot mL^{-1}$ 萘标液准确稀释 10 倍即成。

四、实验步骤

1. 以试样的溶剂为参比对未知芳香化合物的溶液测定，其紫外吸收光谱波长一般从 220~300nm，间隔自选（一般间隔 1~2nm）。

2. 绘制出吸收曲线后从 "Ultraviolet Spectra of Aromatic Compounds"（《芳香族化合物的紫外光谱》）一书中的标准谱图对照查出属于何种有机化合物。

3. 以 95% 乙醇为参比溶液，用 1cm 石英比色皿对标准萘-乙醇溶液测定紫外吸收光谱，波段从 210~230nm，只要找出最大吸收峰位置即可。

4. 在仪器上以最大吸收峰测定已知浓度的标准溶液。

（1）用 10mL 带塞比色管 6 支，配制浓度分别为 0.2、0.4、0.6、0.8、1.0、1.5 $\mu g \cdot mL^{-1}$ 的标准溶液系列各 10mL。

（2）在最大吸收峰波长（约 220nm）处测定标准系列溶液的吸光度，浓度从低到高，记录吸收值。

5. 对未知样品进行测定。

对几个未知样品中的萘含量进行测定时的条件应与标准系列溶液一致。试样中含量高，可用乙醇稀释后测定。

五、数据处理

$$c_{样} = \frac{c_{标} A_{样}}{A_{标}}$$

$$w_{样} = \frac{c_{标} A_{样}}{A_{标} W_{样}} \times 100\%$$

式中，$c_{标}$、$c_{样}$分别为标准液和试样中萘的浓度；$A_{标}$、$A_{样}$分别为标准液和试样液的吸光度；$W_{样}$为试样重。

六、注意事项
1. 测定过程中比色皿应加盖子，并防止盖子相互污染。
2. 读数后立即关闭光闸，保护光电管。
3. 小心操作不要打破石英比色皿；比色皿光学玻璃面要用擦镜纸擦。

七、思考题
1. 紫外光谱仪的组成有哪几部分？
2. 紫外光谱定性、定量的方法有哪些？

实验三十二 紫外差值光谱法测定废水中的微量酚

一、实验目的
1. 了解紫外可见分光光度计的使用方法。
2. 掌握紫外差值光谱法测定微量酚的基本原理。

二、实验原理
苯酚在紫外区有两个吸收峰，在中性溶液中λ_{max}为210nm和270nm，在碱性溶液中，由于形成酚盐，而使该吸收峰红移至235nm和288nm。所谓差值光谱就是指这两种吸收光谱相减而得到的光谱曲线。实验中只要把苯酚的碱性溶液放在样品光路上，把中性溶液放在参比光路上，即可直接绘出差值光谱。

在苯酚的差值光谱图上，选择288nm为测定波长，在该波长下，溶液的吸光度随苯酚浓度的变化有良好的线性关系，遵循比尔定律，即$\Delta A = \varepsilon \Delta c L$，可用于苯酚的定量分析。差值光谱法用于定量分析，可消除试样中某些杂质的干扰，简化分析过程，实现废水中的微量酚的直接测定。

三、仪器与试剂
1. 仪器

紫外可见分光光度计，1cm厚石英比色吸收池，25mL容量瓶。

2. 试剂

$0.1 mol \cdot L^{-1}$ KOH溶液，$0.2500 g \cdot L^{-1}$苯酚标准溶液。

四、实验步骤
1. 确定测定波长

以蒸馏水作参比，分别绘制苯酚在中性和碱性溶液中的吸收曲线。然后，将苯酚的中性和碱性溶液分别放置在参比和样品光路中，绘制二者的差值光谱曲线，根据该差值光谱曲线，确定其测定波长。

2. 绘制标准曲线

用移液管分别移取苯酚标准溶液1.00、1.50、2.00、2.50、3.00mL于5个25mL容量瓶中，另取同样体积苯酚标准溶液于另5个25mL容量瓶中，分别用水和$0.1 mol \cdot L^{-1}$ KOH稀释至刻度（共需10个25mL容量瓶）。每对容量瓶所对应的溶液浓度分别是10、

15、20、25、30 mg·L^{-1}。每一对苯酚标准溶液中的苯酚浓度相同，只是稀释溶剂不同。在测定波长下，把碱性溶液稀释的标准溶液放在样品光路上，把中性溶液稀释的标准溶液放在参比光路上，测定吸光度差值。

3. 测量未知样品中苯酚含量

用移液管分别移取含酚水样10.00mL于2个25mL容量瓶中，分别用水和0.1mol·L^{-1}KOH稀释至刻度。在测定波长下，把碱性溶液稀释的待测试样放在样品光路上，把中性溶液稀释的待测试样放在参比光路上，测定吸光度差值。

五、数据处理

1. 用实验步骤2中测得的吸光度差值，绘制吸光度-浓度曲线，计算回归方程。
2. 用吸光度-浓度曲线或回归方程，计算水样中的苯酚含量（mg·L^{-1}）。

六、思考题

1. 苯酚的差值光谱图中有235nm和288nm两个吸收峰，为何选288nm作为测定波长？
2. 本实验所用的差值光谱法和示差分光光度法有何不同？

实验三十三　原子吸收分光光度法测定自来水中镁的含量

一、实验目的

1. 掌握原子吸收分光光度法的基本原理。
2. 了解原子吸收分光光度计的基本结构及其使用方法。
3. 学习和掌握原子吸收分光光度法进行定量分析的方法。

二、实验原理

原子吸收分光光度法是基于物质所产生的原子蒸气对特征谱线（即待测元素的特征谱线）的吸收作用进行定量分析的一种方法。

若使用锐线光源，待测组分为低浓度，在一定的实验条件下，基态原子蒸气对共振线的吸收符合下式：

$$A = \lg(I_0/I) = KN_0L$$

式中，A为吸光度；I_0为入射光强度；I为经原子蒸气吸收后的透射光强度；K为比例系数；L为样品的光程长度，在实验中常为一定值，N_0为待测元素的基态原子数。由于在火焰温度下待测元素原子蒸气中的基态原子的分布占绝对优势，因此可用N_0代表在火焰吸收层中的原子总数，而在固定实验条件下待测组分原子总数与待测组分浓度的比例是恒定的，因此上式可写作：

$$A = K'_c$$

上式就是原子吸收分光光度法的定量基础。定量方法可用标准加入法或标准曲线法。

实验测定水中Mg的含量，选定波长用285.2nm或202.5nm。

三、仪器与试剂

1. 仪器

原子吸收分光光度计（任一型号），镁空心阴极灯，无油空气压缩机，聚乙烯试剂瓶，容量瓶（100mL、50mL），吸量管（1mL、5mL），乙炔钢瓶。

2. 试剂

(1) 1.000 g·L^{-1} Mg标准贮备溶液　称取0.5000g高纯度Mg溶解于少量6 mol·L^{-1}HCl

溶液中，移入500mL容量瓶中，加水稀释至刻度，摇匀。将此溶液转移至聚乙烯试剂瓶中保存。

（2）10mg·L^{-1} Mg标准工作溶液　取1.00mL Mg的标准贮备溶液于100mL容量瓶中，加水稀释至刻度，摇匀。

四、实验步骤

1. 标准系列溶液的配制

在五个干净的50mL容量瓶中，分别加入1.00、2.00、3.00、4.00、5.00mL Mg的标准工作溶液，加水稀释至刻度，摇匀。

2. 未知试样溶液的配制

取5.00mL自来水于50mL容量瓶中，加蒸馏水至刻度，摇匀。

3. 测量

根据实验条件，将原子吸收分光光度计按仪器操作步骤进行调节，待仪器电路和气路系统达到稳定后，即可测定以上各溶液的吸光度。

五、数据处理

用Mg的标准系列溶液的吸光度绘制标准曲线，由未知试样的吸光度求出自来水中Mg含量。

六、注意事项

1. 乙炔为易燃、易爆气体，必须严格按照操作步骤工作。在点燃乙炔火焰之前，应先开空气，后开乙炔气；结束或暂停实验时，应先关乙炔气，后关空气。乙炔钢瓶的工作压力，一定要控制在所规定范围内，不得超压工作。必须切记，保障安全。

2. 注意保护仪器所配置的系统磁盘。仪器总电源关闭后，若需立即开机使用，应在断电后停机5min再开机，否则磁盘不能正常显示各种页面。

七、思考题

1. 原子吸收光谱的理论依据是什么？
2. 如何选择最佳的实验条件？
3. 为什么空气、乙炔流量会影响吸光度的大小？
4. 为什么要配制镁标准溶液？所配制的镁系列标准溶液可以放置到第二天使用吗？为什么？

实验三十四　原子吸收分光光度法测定土壤中铜和锌的含量

一、实验目的

1. 了解原子吸收分光光度法的原理。
2. 掌握土壤样品的消化方法，掌握原子吸收分光光度计的使用方法。

二、实验原理

火焰原子吸收分光光度法是根据某元素的基态原子对该元素的特征谱线产生选择性吸收来进行测定的分析方法。将试样喷入火焰，被测元素的化合物在火焰中离解形成原子蒸气，由锐线光源（空心阴极灯）发射的某元素的特征谱线光辐射通过原子蒸气层时，该元素的基态原子对特征谱线产生选择性吸收。在一定条件下特征谱线光强的变化与试样中被测元素的浓度成比例。通过测量自由基态原子对选用吸收线的吸光度，来确定试样中该元素的浓度。

湿法消化是使用具有强氧化性酸，如 HNO_3、H_2SO_4、$HClO_4$ 等与有机化合物溶液共沸，使有机化合物分解除去。干法灰化是在高温下灰化、灼烧，使有机物质被空气中氧所氧化而破坏。本实验采用湿法消化土壤中的有机物质。

三、仪器与试剂

1. 仪器

原子吸收分光光度计，铜和锌空心阴极灯。

2. 试剂

（1）锌标准液　准确称取 0.1000 g 金属锌（99.9%），用 20mL 1+1 盐酸溶解，移入 1000mL 容量瓶中，用去离子水稀释至刻度，此液含锌量为 100mg·L^{-1}。

（2）铜标准液　准确称取 0.1000 g 金属铜（99.8%）溶于 15mL 1+1 硝酸中，移入 1000mL 容量瓶中，用去离子水稀释至刻度，此液含铜量为 100mg·L^{-1}。

四、实验步骤

1. 系列标准溶液曲线的绘制

取 6 个 25mL 容量瓶，依次加入 0.00、1.00、2.00、3.00、4.00、5.00mL 的浓度为 100mg·L^{-1} 的铜标准溶液和 0.00、0.10、0.20、0.40、0.60、0.80mL 的浓度为 100mg·L^{-1} 的锌标准溶液，用 1% 的稀硝酸溶液稀释至刻度，摇匀，配成含 0.00、4.00、8.00、12.00、16.00、20.00mg·L^{-1} 铜标准系列和 0.00、0.40、0.80、1.60、2.40、3.20mg·L^{-1} 的锌标准系列。然后分别在 324.7nm 和 213.9nm 处测定吸光度，绘制标准曲线。

2. 样品的消化

准确称取 1.000g 土样于 100mL 烧杯中（2 份），用少量去离子水润湿，缓慢加入 5mL 王水（硝酸：盐酸为 1:3），盖上表面皿。同时做 1 份试剂空白，把烧杯放在通风橱内的电炉上加热，开始低温，慢慢提高温度，并保持微沸状态，使其充分分解，注意消化温度不宜过高，防止样品外溅，当激烈反应完毕，使有机物分解后，取下烧杯冷却，沿烧杯壁加入 2～4mL 高氯酸，继续加热分解直至冒白烟，样品变为灰白色，揭去表面皿，赶除过量的高氯酸，把样品蒸至近干，取下冷却，加入 5mL 1% 的稀硝酸溶液加热，冷却后用中速定量滤纸过滤到 25mL 容量瓶中，滤渣用 1% 稀硝酸洗涤，最后定容，摇匀待测。

3. 原子吸收测量条件

元素	Cu	Zn
λ/nm	324.7	213.9
I/mA	2	4
光谱通带/nm	0.25	0.21
增益	2	4
燃气	C_2H_2	C_2H_2
辅助气	空气	空气
火焰	氧化型	氧化型

4. 测定

（1）分别在 324.7nm 和 213.9nm 处由低到高依次测定铜、锌标准系列溶液的吸光度。

(2) 将消化液在与标准系列相同的条件下，直接喷入空气-乙炔火焰中，测定吸光值。

五、数据处理

1. 根据铜、锌系列标准溶液测得的吸光度及对应浓度绘制标准曲线。
2. 所测得的消化液的吸光度（如试剂空白有吸收，则应扣除空白吸收值）在标准曲线上查得到相应的浓度 M（$mg \cdot mL^{-1}$），则试样中：

$$铜或锌的含量(mg \cdot kg^{-1}) = \frac{MV}{m} \times 1000$$

式中，M 为标准曲线上得到的相应浓度，$mg \cdot mL^{-1}$；V 为定容体积，mL；m 为试样质量，g。

六、注意事项

1. 细心控制温度，升温过快反应物易溢出或炭化。
2. 土壤消化物若不是呈灰白色，应补加少量高氯酸，继续消化。由于高氯酸对空白影响大，要控制用量。
3. 高氯酸具有氧化性，应待土壤里大部分有机质消化完、冷却后再加入，或者在常温下，有大量硝酸存在下加入，否则会使杯中样品溅出或爆炸，使用时务必小心。
4. 若高氯酸氧化作用进行过快，有爆炸可能时，应迅速冷却或用冷水稀释，即可停止高氯酸氧化作用。

七、思考题

试分析原子吸收分光光度法测得土壤中金属元素的误差来源可能有哪些？

实验三十五　原子吸收分光光度法测定水样中的铜

一、实验目的

1. 掌握原子吸收分光光度法进行定量测定的方法。
2. 了解原子吸收分光光度计的大致结构及其使用方法。
3. 掌握标准加入法的溶液配制及测定方法。

二、实验原理

将样品或消解处理好的试样直接吸入火焰，火焰中形成的原子蒸气对光源发射的特征电磁辐射产生吸收。将测得的样品吸光度和标准溶液的吸光度进行比较，确定样品中被测元素的含量。

直接吸入火焰原子吸收分光光度法测定快速、干扰少，适合分析废水和受污染的水。萃取或离子交换火焰原子吸收分光光度法，适合于清洁水的分析。石墨炉原子吸收分光光度计灵敏度高，但基体干扰比较复杂，适合于分析清洁水。

本方法适用于地表水、地下水和废水中的镉、铅、铜和锌的测定，适用浓度范围与仪器的特性有关。

三、仪器与试剂

1. 仪器

AA-6800 原子吸收分光光度计（有背景校正装置），铜元素的空心阴极灯及其他必要的附件。

2. 试剂

硝酸（优级纯 AR），高氯酸（优级纯 AR），去离子水。

铜标准贮备液：准确称取 0.5000 g 光谱纯金属铜，用适量 1+1 硝酸溶液溶解，必要时加热直至溶解完全。用水稀释至 500mL，此溶液每毫升含 1.00mg 的金属铜。

铜标准使用溶液：取 50mL 铜金属标准贮备液于 1 L 容量瓶中，用 0.2%硝酸定容至标线，此标准溶液每毫升含铜为 50.0μg。

3. 燃料

乙炔，纯度不低于 99.6%；氧化剂：空气，由气体空压机供给，经过必要的过滤和净化。

四、实验步骤

1. 标准溶液的配制

吸取铜标准使用溶液 0.00、0.50、1.00、3.00、5.00、10.00mL，分别放入 6 个 100mL 容量瓶中，用 0.2%的硝酸稀释定容后，摇匀。

2. 样品预处理

取 100.0mL 水样放入 300mL 烧杯中，加入硝酸 5mL，在电热板上加热消解（不要沸腾），蒸至 10mL 左右，加入 5mL 硝酸和 2mL 高氯酸，继续消解，直至剩余体积为 1mL 左右。如果消解不完全，再加入硝酸 5mL 和高氯酸 2mL，再次蒸至 1mL 左右。取下冷却，加水溶解残渣，移入预先用酸洗过的 100mL 容量瓶中，用水稀释至刻度。

取 0.2%的硝酸 100mL，按上述相同的程序操作，以此为空白样。

3. 标准加入法铜工作溶液的配制

取若干个（如 4 个）100mL 的容量瓶，各加入 25.00mL 试样溶液，然后依次分别加入 0.00、1.00、3.00、5.00mL（50μg·mL^{-1}）铜的标准溶液，用 0.2%的硝酸稀释定容后，摇匀。

4. 样品测定

① 按规范的操作程序启动原子吸收分光光度计，通过仪器工作站软件，选择或设置待测元素的测定条件及参数，待仪器自检（漏气、光路及测定参数）就绪后，可以测定样品。

② 仪器先用 0.2%的硝酸调零后，按实验步骤 4 次序分别吸入空白样和试样，测量其吸光度。在仪器工作站上，直接读出试样中的金属浓度值即可（可保存、打印标准曲线或标准方程）。

五、数据处理

$$被测金属含量(mg \cdot L^{-1}) = \frac{m}{V}$$

式中，m 为从校准曲线上查出或仪器直接读出的被测金属量，μg；V 为分析用的水样体积，mL。

六、注意事项

通过测定标准加入法配制的铜溶液，可以检查样品中是否存在基体干扰。若样品存在基体干扰，除了认真检查实验的每个过程外，还应根据实验原理所提到的方法进行处理。

七、思考题

1. 简述原子吸收分光光度法的基本原理。
2. 从原理上比较原子吸收光谱法与紫外-可见分光光度法的异同点。
3. 原子吸收法定量分析的依据是什么？
4. 原子吸收法的干扰有哪些？
5. 标准加入法中为什么要在第二份开始按比例加入不同量的待测元素的标准溶液？其标准加入样品数小于 4 个点行吗？

实验三十六　火焰原子吸收分光光度法测定自来水中钠的含量

一、实验目的

1. 学习原子吸收分光光度法的基本原理。
2. 了解原子吸收分光光度计的基本结构和使用方法。
3. 掌握应用标准曲线法测定自来水中的钠含量。

二、实验原理

原子吸收分光光度法是根据物质所产生的原子蒸气对特定谱线（即待测元素的特征谱线）的吸收作用进行定量分析的。

若使用锐线光源，当发射光通过原子蒸气时，蒸气中基态原子将选择性地吸收该元素的特征谱线。这时，入射光将被减弱，其减弱程度与蒸气中该元素的浓度成正比，吸光度符合 Lambert-beer 定律

$$A = KN_0 L \approx KcL$$

当 L 以 cm 为单位、c 以 $mol \cdot L^{-1}$ 为单位表示时，K 称为摩尔吸收系数，单位为 $L \cdot mol^{-1} \cdot cm^{-1}$。如果控制 L 为定值，上式变为

$$A = K'c$$

上式就是原子吸收分光光度法的定量基础。定量方法可用标准加入法或标准曲线法。

标准曲线法是原子吸收光谱法中常用的定量方法，适用于待测溶液中共存的基体成分较为简单的情况。标准曲线有时会发生向浓度轴（向下）或向吸光度轴（向上）弯曲的现象，要获得好的标准曲线，必须选择合适的实验条件。

三、仪器与试剂

1. 仪器

AA-7020 型原子吸收分光光度计（北京东西仪器公司）及计算机，钠空心阴极灯（HCL）；JB-Ⅱ型无油气体压缩机（天津市医疗器械二厂），乙炔钢瓶，通风设备。

2. 试剂

（1）氯化钠（分析纯），1% HCl。

（2）$1000\mu g \cdot mL^{-1}$ 钠标准工作溶液：称取于 500～600 ℃ 灼烧至恒重的氯化钠约 2.5 g（准确到 0.0001 g），溶于少量去离子水中，移入 1000mL 容量瓶中，并用去离子水稀释至刻度，摇匀备用并计算溶液溶度。

四、实验步骤

1. 仪器条件（以 AA-7020 型原子吸收分光光度计为例，若用其他型号仪器，实验条

件应根据具体仪器确定）

　　火焰：乙炔-空气；
　　乙炔流量：$1.5\text{mL}\cdot\text{min}^{-1}$；
　　空气压力：0.3MPa；
　　空心阴极灯电流：3mA；
　　吸收线波长：589.0nm。

2. 溶液配制

（1）配制钠标准溶液系列：取钠标准贮备液，配制 5 个 50mL 的标准溶液，用 1% 的 HCl 溶液稀释至刻度，摇匀备用。

（2）自来水样品溶液配制：准确吸取自来水 20.00mL 置 50mL 的容量瓶中，用去离子水稀释至刻度。

3. 开机及参数设置

（1）接通电源，仪器自检，稳定 10min；
（2）打开计算机，出现图标后，再点击一次，运行软件；
（3）进入参数设置，选定钠元素灯，输入波长 589.0nm；
（4）仪器连接，完成计算机自检；
（5）点击扫描，仪器进行波长自检，需要等几分钟；
（6）完成后，点击调整灯位置，需要几分钟，能量到达 212% 或最大，自动完成（如果灯位置偏离光通路较大，可以用手动调节）；
（7）点击能量平衡，显示成功后，点击确定；
（8）开启空压机后，再打开乙炔气（$1.5\text{mL}\cdot\text{min}^{-1}$）；
（9）按点火；
（10）点击文件中新建文件；
（11）点击添加或删除，进行样品记录；
（12）确定后，退出界面。

4. 标准溶液系列和样品溶液的测定

在界面上点击空白，将吸样管放入空白样瓶，进行空白样检测，连续检测三次；点击采样，将吸样管分别依次放入系列标准溶液和样品溶液，进行检测，每种溶液连续检测三次，完成后点击数据管理，命名保存，然后打印。列表记录测量相应的吸光度值。

5. 关机操作

（1）关闭燃气，继续输送空气，燃烧完管道中的燃气，同时，用空白样清洗雾化室；
（2）关闭点火开关及空压机，关闭电源。

五、数据处理

1. 以钠标准溶液的浓度为横坐标，以吸光度为纵坐标，用方格坐标纸，或用 Excel、Origin 等作图软件绘制工作曲线，并得到曲线方程。

2. 由样品读数及曲线方程得出样品中 Na^+ 的浓度。

六、注意事项

1. 乙炔为易燃、易爆气体，必须严格按照操作步骤进行。在点燃乙炔火焰之前，应先开空气，然后开乙炔气；结束或暂停实验时，应先关乙炔气，再关空气。必须切记以保障安全。

2.乙炔气钢瓶为左旋开启，开瓶时，出口处不准有人，要慢开启，不能过猛，否则冲击气流会使温度过高，易引起燃烧或爆炸。开瓶时，阀门不要充分打开，要求旋开不应超过1.5转。

七、思考题

1.简述火焰原子化器的组成、原理和特点。

2.原子吸收分光光度法为什么要用待测元素的空心阴极灯作为光源？可否用氘灯或钨灯代替，为什么？

3.为什么原子吸收分光光度法可在自然光（加火焰光）环境中直接测定，且单色器置于原子化器之后；而紫外可见分光光度法中测试样品一般需要与环境光隔离，且其单色器置于样品室之前？

实验三十七　原子吸收分光光度法测定豆乳粉中的铁、铜

一、实验目的

1.掌握原子吸收分光光度法测定食品中微量元素的方法。

2.学习食品试样的处理方法。

二、实验原理

原子吸收分光光度法是测定多种试样中金属元素的常用方法。测定食品中微量金属元素，首先要处理试样，将其中的金属元素以可溶的状态存在。试样可以用湿法处理，即试样在酸中消解制成溶液。也可以用干法灰化处理，即将试样置于马弗炉中，在400～500℃高温下灰化，再将灰分溶解在盐酸或硝酸中制成溶液。

本实验采用干法灰化处理样品，然后测定其中铁、铜两种营养元素。此法也可用于其他食品，如豆类、水果、蔬菜、牛奶中微量元素的测定。

三、仪器与试剂

1.仪器

WFX-120型原子吸收分光光度计，铁、铜空心阴极灯，马弗炉，瓷坩埚以及玻璃仪器。

2.试剂

$6mol \cdot L^{-1}$ 盐酸，$0.1mol \cdot L^{-1}$、$6mol \cdot L^{-1}$ 硝酸。

铜贮备液：准确称取1g纯金属铜，溶于少量 $6mol \cdot L^{-1}$ 硝酸中，移入1000mL容量瓶，用 $0.1mol \cdot L^{-1}$ 硝酸稀至刻度，此溶液含铜 $1.000mg \cdot L^{-1}$；

铁贮备液：准确称取1g纯铁丝，溶于50mL $6 mol \cdot L^{-1}$ 盐酸中，移入1000mL容量瓶，用蒸馏水稀至刻度，此溶液含铁 $1.000mg \cdot L^{-1}$。

四、实验步骤

1.试样的制备

准确称取2.000g试样，置于瓷坩埚中，放入马弗炉，在500℃灰化2～3h，取出冷却，加入 $6mol \cdot L^{-1}$ 盐酸4mL，加热促使残渣完全溶解。移入50mL容量瓶，用蒸馏水稀至刻度，摇匀。

2. 铜和铁的测定

(1) 系列标准溶液的配制　用吸管移取铁贮备液 10.00mL 置 100mL 容量瓶中，用蒸馏水稀至刻度。此标准溶液含铁 $100.0\ \mu g \cdot mL^{-1}$。

将铜贮备液进行稀释，制成 $20.00\mu g \cdot mL^{-1}$ 铜的标准溶液。

在 5 只 100mL 容量瓶中，分别加入 $100.0\mu g \cdot mL^{-1}$ 铁标准溶液 0.50、1.00、3.00、5.00、7.00mL 和 $20.00\mu g \cdot mL^{-1}$ 铜标准溶液 0.50、2.50、5.00、7.50、10.00mL，再加入 8mL $6mol \cdot L^{-1}$ 盐酸，用蒸馏水稀至刻度，摇匀。

(2) 标准曲线　铜的分析线为 324.7nm，铁的分析线为 248.3nm。其他测量条件通过实验选择。分别测量系列标准溶液铜和铁的吸光度。铜系列标准溶液的浓度为 0.10、0.50、1.00、1.50、$2.00\ \mu g \cdot mL^{-1}$，铁系列标准溶液浓度为 0.50、1.00、3.00、5.00、$7.00\ \mu g \cdot mL^{-1}$。

(3) 试样溶液的分析　与标准曲线同样条件，测量步骤 1 制备的试样溶液中的铜和铁的浓度。

五、数据处理

1. 在方格坐标纸上分别绘制铁和铜的标准曲线。
2. 确定豆乳粉中这些元素的含量（$\mu g \cdot g^{-1}$）。

六、注意事项

1. 如果样品中这些元素的含量较低，可以增加取样量。
2. 处理好的试样溶液若浑浊，可用定量滤纸干过滤。

七、思考题

为什么稀释后的标准溶液只能放置较短的时间，而贮备液则可以放置较长的时间？

实验三十八　原子吸收分光光度法测定钢中的铜

一、实验目的

1. 巩固加深理解原子吸收分光光度法的基本原理。
2. 掌握原子吸收分光光度法中标准加入法进行定量分析，以消除基体效应及某些干扰对测定结果的影响。
3. 学会钢铁样品的制备技术。

二、实验原理

铜是原子吸收分光光度法中经常和最容易测定的元素，在贫燃的空气-乙炔火焰中干扰很少。为了消除铁基的影响，在绘制工作曲线时，可以加入与被测试样溶液相近的铁量；或采用标准加入法。

标准加入法是将已知的不同浓度的标准溶液加到几个相同量的待测试样溶液中，然后一起测定，并绘制分析曲线，将直线外推延长至与横坐标相交，其交点与原点的距离所对应的浓度，即为待测试样溶液的浓度（图 3-7）。这种方法可以消除一些基体的干扰，但不能补偿由背景吸收引起的影响，因此，采用标准加入法时最好对背景进行校正。

三、仪器与试剂

1. 仪器

WFX-120 型原子吸收分光光度计，铜空心阴极灯。

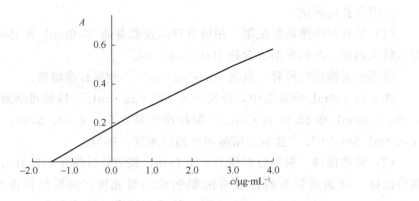

图 3-7 标准加入法工作曲线

2.试剂

(1) 铜标准溶液：取 1.0000 g 纯铜，加入 50mL HNO_3，加热溶解，煮沸除去氮氧化物，冷至室温，移入 1000mL 容量瓶中，用水稀释至刻度，摇匀。此溶液浓度为 $1mg·mL^{-1}$。吸取上述溶液，稀释成 $50μg·mL^{-1}$、$25μg·mL^{-1}$ 的铜工作溶液。

(2) 铁溶液：取纯铁 5.00g，用 HCl 溶解，稀释至 1000mL，此溶液浓度为 $5mg·mL^{-1}$。

(3) HNO_3 (1+3)；混合酸：$HCl : HClO_4 : HNO_3 : H_2O$ (2:2:1:1)。

四、实验步骤

1.工作曲线法

称取 0.1000～0.5000 g 试样，加入 15mL HNO_3 (1+3)，加热溶解，煮沸除去氮氧化物，冷至室温，移入 1000mL 容量瓶中，用水稀释至刻度，摇匀。

在原子吸收分光光度计上，按以下测量条件测定试样的吸光度：波长 324.8nm、灯电流 6 mA、光谱通带 0.2nm、燃烧器高度 4mm；空气-乙炔贫燃火焰。

分取 0.00、1.00、2.00、4.00、6.00、8.00mL $50μg·mL^{-1}$ 的铜标准溶液于 100mL 容量瓶中，加入与试样等量的铁，用水稀释至刻度，摇匀。按以上条件测量吸光度。

2.标准加入法

分取以上测试过的试样溶液 10.0mL 五份于 5 个 50mL 容量瓶中，分别加入 $25μg·mL^{-1}$ 铜标准溶液 0.00、0.50、1.00、2.00、3.00mL，用水稀释至刻度，摇匀。按以上条件测量吸光度。

五、数据处理

1.绘制工作曲线，根据试液的吸光度从曲线上查出相应的浓度，从而计算出试样中铜的含量。

2.绘制分析曲线，将直线外推与横坐标相交，其交点与原点的距离所对应的浓度，即为试液的浓度，从而计算出试样中铜的含量。

3.计算两种分析结果与标准推荐值的偏差。

六、注意事项

1.对不易溶解于硝酸的试样可先用混合酸 10～15mL 分解处理，蒸发至冒高氯酸白烟，并保持 1min 左右，余下步骤与试样处理过程相同。

2. 本法适用于碳素钢、中低合金钢、生铁、合金铸铁中 0.005%～1.00% 铜的测定。

七、思考题
1. 工作曲线法与标准加入法定量分析各有什么优点？在什么情况下采用这些方法？
2. 这两种方法的测量结果有无偏差？分析产生偏差的原因。

实验三十九　原子吸收分光光度法测定茶水中的钙

一、实验目的
1. 掌握原子吸收分光光度法的特点及应用。
2. 了解原子吸收分光光度计的结构及其使用方法。

二、实验原理
原子吸收光谱分析是基于从光源中辐射出的待测元素的特征光波通过样品的原子蒸气时，被蒸气中待测元素的基态原子所吸收，使通过的光波强度减弱，根据光波强度减弱的程度，可以求出样品中待测元素的含量。

利用锐线光源在低浓度的条件下，基态原子蒸气对共振线的吸收符合朗伯-比尔定律，即：

$$A = \lg(I_0/I) = KN_0L$$

式中，A 为吸光度；I_0 为入射光强度；I 为经原子蒸气吸收后的透射光强度；K 为吸光系数；N_0 为基态原子密度；L 为辐射光穿过原子蒸气的光程长度。

当试样原子化，火焰的温度低于 3000 K 时，可以认为原子蒸气中基态原子的数目实际上接近原子总数。在固定的实验条件下，原子总数与试样浓度 c 的比例是恒定的，则上式可记为

$$A = Kc$$

此为原子吸收分光光度法定量分析的基本关系式。常用标准曲线法、标准加入法进行定量分析。

三、仪器与试剂
1. 仪器

TAS-986 原子吸收分光光度计，钙空心阴极灯，空气压缩机，乙炔钢瓶，容量瓶，移液管，烧杯，量筒。

2. 试剂

（1）钙的标准贮存溶液（$1.000 \text{mg} \cdot \text{mL}^{-1}$）：称取 0.6243g 于 120℃烘干（一般在烘箱中烘干 2h）的无水 $CaCO_3$，置于烧杯中，加去离子水 20～30mL，滴加 $2 \text{ mol} \cdot \text{L}^{-1}$ 盐酸至 $CaCO_3$ 完全溶解，移入 250mL 容量瓶中，用去离子水稀释至刻度，摇匀。

（2）钙的标准工作溶液（$100 \text{ μg} \cdot \text{mL}^{-1}$）：取 10.0mL 钙的标准贮存溶液于 100mL 容量瓶中，用去离子水稀释至刻度，摇匀。

（3）5% $La(NO_3)_3$ 溶液，20% $CsCl$ 溶液；$2 \text{mol} \cdot \text{L}^{-1}$ 盐酸，无水 $CaCO_3$；试剂均为分析纯。

四、实验步骤
1. 系列标准溶液的配制

取 6 个 100mL 容量瓶，依次加入 1.00、2.00、3.00、4.00、5.00、6.00mL

$100\mu g \cdot mL^{-1}$ 钙的标准工作溶液,用去离子水稀释至刻度,摇匀。

2. 未知试样溶液的制备

称取茶叶 2.000 g,置入 500mL 的烧杯中。用 90mL 沸腾去离子水冲泡 5min,倒出为第一次茶水;再用 90mL 沸水冲泡 5min,倒出为第二次茶水;如此进行,得第三和第四次茶水。在上述取出的茶水中,分别加入 $La(NO_3)_3$ 和 $CsCl$ 溶液,均定容至 100mL,备用。

3. 钙标准曲线的绘制与茶水中钙含量的测定

实验条件:测定波长 422.7nm,灯电流 3 mA,负高压 400V,狭缝宽度 0.4nm,乙炔流量 $2.1L \cdot min^{-1}$,空气流量 $8L \cdot min^{-1}$。

仔细阅读 TAS-986 原子吸收分光光度计的操作说明书,先绘制钙的标准曲线,再测定茶水中的钙含量。

五、数据处理

根据所测得的结果,计算出茶叶中钙的含量。

六、思考题

1. 从原理、仪器、应用三方面对原子吸收和原子发射光谱法进行比较。
2. 火焰原子吸收光谱法具有哪些特点?

实验四十 原子吸收分光光度法测定土壤样品中镍、镉、铅的含量

一、实验目的

1. 了解原子吸收分光光度法的原理。
2. 学习、了解原子吸收分光光度计的基本结构、使用方法。
3. 学习掌握原子吸收分光光度法定量分析方法。
4. 掌握土壤样品的消化方法,掌握原子吸收分光光度计的使用方法。

二、实验原理

火焰原子吸收分光光度法是根据某元素的基态原子对该元素的特征谱线产生选择性吸收来进行测定的分析方法。将试样喷入火焰,被测元素的化合物在火焰中离解形成原子蒸气,由锐线光源(空心阴极灯)发射的某元素的特征谱线光辐射通过原子蒸气层时,该元素的基态原子对特征谱线产生选择性吸收。通过测定特征辐射被吸收的大小,求出被测元素的含量。

当使用锐线光源,待测组分为低浓度的情况下,基态原子蒸气对共振线的吸收符合下式:

$$A = \lg \frac{1}{T} = \lg \frac{I_0}{I} = KLN_0$$

式中,A 为吸光度;T 为透射比;I_0 为入射光强度;I 为经原子蒸气吸收后的透射光强度;K 为比例系数;L 为样品的光程长度(吸收层厚度即燃烧器的缝长),在实验中为一定值;N_0 为待测元素的基态原子数,由于在火焰温度下待测元素原子蒸气中的基态原子的分布占绝对优势,因此可用 N_0 代表在火焰吸收层中的原子总数。在固定实验条件下待测组分原子总数与待测组分浓度的比例是一个常数,因此上式可写作:$A = K'c$。

湿法消化是使用具有强氧化性酸,如 HNO_3、H_2SO_4、$HClO_4$ 等与有机化合物溶液

共沸，使有机化合物分解除去。干法灰化是在高温下灰化、灼烧，使有机物质被空气中氧所氧化而破坏。本实验采用湿法消化土壤中的有机物质。

三、仪器与试剂

1. 仪器

原子吸收分光光度计，镍、镉、铅锌空心阴极灯。

2. 试剂

（1）硝酸：优级纯。

（2）1%硝酸：取10mL优级纯硝酸，用水稀释至1000mL。

（3）1:1硝酸：取25mL优级纯硝酸，用水稀释至50mL。

（4）镍、镉、铅标准储备液：分别准确称取0.1000g金属镍、镉、铅（99.9%或光谱纯），用10mL 1:1硝酸溶解，加热蒸发至近干，加1%硝酸溶解并定容至1000mL，此液含镍、镉、铅量均为100mg·L^{-1}。

四、实验步骤

1. 实验条件

元素	Ni	Pb	Cd
λ/nm	232.0	283.3	228.8
狭缝/nm	0.4	0.4	0.4
灯电流/mA	2	2	2
燃烧器高度/mm	5	4	8

燃气：C_2H_2；助气：空气

2. 标准曲线的绘制

取6个25mL容量瓶，依次加入0.00、0.10、0.20、0.30、0.40、0.50mL的浓度为100mg·L^{-1}的镍标准储备液，0.00、0.10、0.20、0.40、0.60、0.80mL的浓度为100mg·L^{-1}的镉标准储备液和0.00、0.50、1.00、1.50、2.00、2.50mL的浓度为100mg·L^{-1}的铅标准储备液，用1%的稀硝酸溶液稀释至刻度，摇匀，配成含0.00、0.40、0.80、1.20、1.60、2.00mg·L^{-1}镍标准系列，0.00、0.40、0.80、1.60、2.40、3.20mg·L^{-1}的镉标准系列和0.00、2.00、4.00、6.00、8.00、10.0mg·L^{-1}的铅标准系列，然后分别在232.0nm、228.8nm、283.3nm处测定镍、镉、铅标准系列溶液的吸光度，绘制标准曲线。

3. 样品的测定

（1）样品的消化　准确称取1.000g土样于100mL烧杯中（2份），用少量去离子水润湿，缓慢加入5mL王水（硝酸:盐酸为1:3），盖上表面皿。同时做1份试剂空白，把烧杯放在通风橱内的电炉上加热，开始低温，慢慢提高温度，并保持微沸状态，使其充分分解，注意消化温度不宜过高，防止样品外溅，当激烈反应完毕，使有机物分解后，取下烧杯冷却，沿烧杯壁加入2～4mL高氯酸，继续加热分解直至冒白烟，样品变为灰白色，揭去表面皿，赶除过量的高氯酸，把样品蒸至近干，取下冷却，加入5mL 1%的稀硝酸溶液加热，冷却后用中速定量滤纸过滤到25mL容量瓶中，滤渣用1%稀硝酸洗涤，最后定容，摇匀待测。

(2) 测定　将消化液在与标准系列相同的条件下，直接喷入空气-乙炔火焰中，测定吸收值。

五、数据处理

所测得的吸收值（如试剂空白有吸收，则应扣除空白吸收值）在标准曲线上得到相应的浓度 M（$mg \cdot mL^{-1}$），则试样中：

$$\text{镍、镉或铅的含量}(mg \cdot kg^{-1}) = \frac{MV}{m} \times 1000$$

式中，M 为标准曲线上得到的相应浓度，$mg \cdot mL^{-1}$；V 为定容体积，mL；m 为试样质量，g。

六、注意事项

1. 细心控制温度，升温过快反应物易溢出或炭化。
2. 土壤消化物若不是呈灰白色，应补加少量高氯酸，继续消化。由于高氯酸对空白影响大，要控制用量。
3. 高氯酸具有氧化性，应待土壤里大部分有机质消化完，冷却后再加入，或者在常温下，有大量硝酸存在下加入，否则会使杯中样品溅出或爆炸，使用时务必小心。
4. 若高氯酸氧化作用进行过快，有爆炸可能时，应迅速冷却或用冷水稀释，即可停止高氯酸氧化作用。

七、思考题

1. 原子吸收分光光度分析为何要用待测元素的空心阴极灯作光源？能否用氢灯或钨灯代替，为什么？
2. 如何选择最佳实验条件？
3. 当使用雾化器时，经常使用稀硝酸作为溶剂，为什么硝酸是较好的选择？（硝酸盐的性质是什么？）
4. 火焰原子吸收分光光度法具有哪些特点？
5. 试分析原子吸收分光光度法测得土壤中金属元素的误差来源有哪些？

实验四十一　荧光光度分析法测定维生素 B_2

一、实验目的

1. 学习和掌握荧光光度分析法测定维生素 B_2 的基本原理和方法。
2. 熟悉荧光分光光度计的结构和使用方法。

二、实验原理

经紫外光或波长较短的可见光照射后，一些物质会发射出比入射光波长更长的荧光。以测量荧光的强度和波长为基础的分析方法叫做荧光光度分析法。

对同一物质而言，若 $alc \ll 0.05$，即对很稀的溶液，荧光强度 F 与该物质的浓度 c 有以下的关系

$$F = 2.3\Phi_f I_0 alc$$

式中，Φ_f 为荧光过程的量子效率；I_0 为入射光强度；a 为荧光分子的吸收系数；l 为试液的吸收光程。

I_0 和 l 不变时，则

$$F = Kc$$

式中，K 为常数。因此，在浓度较低的情况下，荧光物质的荧光强度与浓度呈线性关系。

维生素 B_2（即核黄素）在 430～440nm 蓝光的照射下，发出绿色荧光，其峰值波长为 535nm。维生素 B_2 的荧光在 pH=6.0～7.0 时最强，在 pH=11.0 时消失。

荧光分析实验首先选择激发光单色器波长和荧光单色器波长，基本原则是使测量获得最强荧光，且受背景影响最小。激发光谱是选择激发光单色器波长的依据，荧光物质的激发光谱是指在荧光最强的波长处，改变激发光单色器的波长测量荧光强度，用荧光强度对激发光波长作图所得的谱图。大多数情况下，荧光物质的激发光谱与其吸收光谱相同。荧光光谱是选择荧光单色器波长的主要依据，荧光物质的荧光光谱是指激发光单色器波长固定在最大激发光谱波长处，改变荧光单色器波长测量荧光强度，用荧光强度对荧光波长作图所得的谱图。图 3-8 为维生素 B_2 的吸收（激发）光谱及荧光光谱示意图。

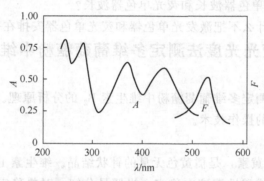

图 3-8　维生素 B_2 的吸收（激发）光谱及荧光光谱示意图

本实验采用标准曲线法来测定维生素 B_2 的含量。激发光单色器波长选 440nm。荧光单色器波长选 535nm，可将 440nm 的激发光及水的拉曼光（360nm）滤除，从而避免了它们的干扰。

三、仪器与试剂

1. 仪器

荧光光度计，吸量管（5mL、10mL），棕色试剂瓶，容量瓶（50mL、100mL、1000mL）。

2. 试剂

(1) 100.00mg·L^{-1} 维生素 B_2 标准贮备溶液　准确称取 0.1000g 维生素 B_2，将其溶解于少量的 1%HAc 中，转移至 1 L 容量瓶中，用 1%HAc 稀释至刻度、摇匀。该溶液应装于棕色试剂瓶中，置阴凉处保存。

(2) 5mg·L^{-1} 维生素 B_2 标准工作溶液　取 5.00mL 100.00mg·L^{-1} 维生素 B_2 标准贮备溶液于 100mL 容量瓶中，加水稀释至刻度，摇匀。

(3) 待测液　配制约含 8.3mg·L^{-1} 维生素 B_2 的未知试样。

四、实验步骤

1. 标准系列溶液的配制

在 5 个干净的 50mL 容量瓶中，分别加入 2.00、4.00、6.00、8.00、10.00mL 维生

素 B_2 标准溶液，加水稀释至刻度，摇匀。

 2.标准溶液的测定

  开启仪器电源，预热 10min。用蒸馏水作空白，从稀到浓测量标准系列溶液的荧光强度。

 3.未知试样的测定

  取 3.00mL 待测样于 50mL 容量瓶中，用蒸馏水稀释至刻度，摇匀。用测定标准系列溶液时相同的条件，测量其荧光强度。

五、数据处理

 1.用标准系列溶液的荧光强度绘制标准曲线。

 2.根据待测液的荧光强度，从标准曲线上求得其浓度。

 3.计算待测样品中维生素 B_2 的含量。

六、思考题

 1. 怎样选择激发光单色器波长和荧光单色器波长？

 2. 荧光光度计中为什么不把激发光单色器和荧光单色器安排在一条直线上？

实验四十二　荧光光度法测定多维葡萄糖粉中维生素 B_2 的含量

一、实验目的

1.学习荧光光度法测定多维葡萄糖粉中维生素 B_2 的分析原理。

2.掌握荧光光度计的操作技术。

二、实验原理

  维生素 B_2，又叫核黄素，是橘黄色无臭的针状结晶。维生素 B_2 易溶于水而不溶于乙醚等有机溶剂。在中性或酸性溶液中稳定，光照易分解，对热稳定。维生素 B_2 水溶液在 430～440nm 蓝光或紫外光照射下会发生绿色荧光，荧光峰在 535nm，在 pH 6.0～7.0 的溶液中荧光强度最大，在 pH 11.0 的碱性溶液中荧光消失。多维葡萄糖中含有维生素 B_1、维生素 B_2、维生素 C、维生素 D_2 及葡萄糖均不干扰维生素 B_2 的测定。

  由于维生素 B_2 在碱性溶液中经光线照射，会发生光分解而转化为光黄素，后者的荧光比核黄素的荧光强得多。因此，测量维生素 B_2 的荧光时，溶液要控制在酸性范围内，且须在避光条件下进行。

三、仪器与试剂

1.仪器

荧光分光光度计。

2.试剂

（1）$10\mu g \cdot mL^{-1}$ 维生素 B_2 标准溶液　准确称取 10.0mg 维生素 B_2，用热蒸馏水溶解后，转入 1L 棕色容量瓶中，冷却后加蒸馏水至标线，摇匀，置于暗处保存。

（2）冰醋酸（AR）；多维葡萄糖粉试样。

四、实验步骤

1.标准曲线的绘制

  于 6 只 50mL 容量瓶中，分别加入 10 $\mu g \cdot mL^{-1}$ 维生素 B_2 标准溶液 0.50、1.00、1.50、2.00、2.50、3.00mL，再各加入冰醋酸 2.0mL，加水至标线，摇匀。在 970 CRT

荧光分光光度计上，用1cm荧光比色皿于激发波长440nm、发射波长535nm处，测量标准系列溶液的荧光强度。

2. 多维葡萄糖粉中维生素 B_2 的测定

准确称取 0.15～0.2g 多维葡萄糖粉试样，用少量水溶解后转入 50mL 容量瓶中，加冰醋酸 2mL，摇匀。在相同的测量条件下，测量其荧光强度。平行测定三次。

五. 数据处理

以相对荧光强度为纵坐标，维生素 B_2 的质量为横坐标绘制标准曲线。从标准曲线上查出待测试液中维生素 B_2 的质量，并计算出多维葡萄糖粉试样中维生素 B_2 的百分含量。

六. 思考题

1. 试解释荧光光度法较吸收光度法灵敏度高的原因。
2. 维生素 B_2 在 pH＝6.0～7.0 时荧光强度最强，本实验为何在酸性溶液中测定？

实验四十三　荧光分析法测定邻羟基苯甲酸和间羟基苯甲酸

一、实验目的
1. 掌握荧光分析法的基本原理和操作。
2. 用荧光分析法进行多组分含量的测定。

二、实验原理

邻羟基苯甲酸（亦称水杨酸）和间羟基苯甲酸分子组成相同，均含一个能发射荧光的苯环，但因其取代基的位置不同而具有不同的荧光性质。在 pH＝12.0 的碱性溶液中，二者在 310nm 附近紫外光的激发下均会发射荧光；在 pH＝5.5 的近中性溶液中，间羟基苯甲酸不发射荧光，邻羟基苯甲酸由于分子内形成氢键增加了分子刚性而有较强的荧光，且荧光强度与 pH＝12.0 时相同。利用这一性质，可在 pH＝5.5 测定二者混合物中邻羟基苯甲酸的含量，间羟基苯甲酸不干扰。另取同样量的混合物溶液，测定 pH＝12.0 的荧光强度，减去 pH＝5.5 时测得的邻羟基苯甲酸的荧光强度，即可求出间羟基苯甲酸的含量。

三、仪器与试剂

1. 仪器

荧光分光光度计，10mL 比色管，分度吸量管。

2. 试剂

邻羟基苯甲酸标准溶液：$60\mu g \cdot mL^{-1}$（水溶液）；间羟基苯甲酸标准溶液：$60 \mu g \cdot mL^{-1}$（水溶液）；NaOH 水溶液：$0.1mol \cdot L^{-1}$；pH＝5.5 的 HAc-NaAc 缓冲溶液：47g NaAc 和 6g 冰醋酸溶于水并稀释至1L即得。

四、实验步骤

1. 标准系列溶液的配制

（1）分别移取 0.40、0.80、1.20、1.60、2.00mL 邻羟基苯甲酸标准溶液于已编号的 10mL 比色管中，各加入 1.0mL pH＝5.5 的 HAc-NaAc 缓冲溶液，以蒸馏水稀释至刻度，摇匀。

（2）分别移取 0.40、0.80、1.20、1.60、2.00mL 间羟基苯甲酸标准溶液于已编号的 10mL 比色管中，各加入 1.2mL 0.1 mol·L^{-1} 的 NaOH 水溶液，以蒸馏水稀释至刻度，摇匀。

（3）取未知溶液 2.00mL 于 10mL 比色管中，其中一份加入 1.00mL pH＝5.5 的 HAc-NaAc 缓冲溶液，另一份加入 1.20mL 0.1 mol·L^{-1} 的 NaOH 水溶液，以蒸馏水稀释至刻度，摇匀。

2. 荧光激发光谱和发射光谱的测定

测定（1）中第三份溶液和（2）中第三份溶液各自的激发光谱和发射光谱，先固定发射波长为 400nm，在 250～350nm 区间进行激发波长扫描，获得溶液的激发光谱和荧光最大激发波长 λ_{ex}^{max}；再固定激发波长 λ_{ex}^{max}，在 350～500nm 区间进行发射波长扫描，获得溶液的发射光谱和荧光最大发射波长 λ_{em}^{max}。此时，在激发波长 λ_{ex}^{max} 处和发射波长 λ_{em}^{max} 处的荧光强度应基本相同。

3. 荧光强度测定

根据上述激发光谱和发射光谱扫描结果，确定一组波长（λ_{em} 和 λ_{ex}），使之对二组分都有较高的灵敏度，并在此组波长下测定前述标准系列各溶液和未知溶液的荧光强度 I_f。

五、数据处理

以各标准溶液的 I_f 为纵坐标，分别以邻羟基苯甲酸或间羟基苯甲酸的浓度为横坐标制作工作曲线。根据 pH＝5.5 的未知液的荧光强度，可以从邻羟基苯甲酸的工作曲线上确定邻羟基苯甲酸在未知液中的浓度；根据 pH＝12.0 时未知液的荧光强度与 pH＝5.5 时未知液的荧光强度的差值，可从间羟基苯甲酸的工作曲线上确定未知液中间羟基苯甲酸的浓度。

六、注意事项

1. 工作曲线的测定和未知液测定时应保持仪器设置参数的一致。
2. 开机时先开氙灯再开计算机；关机时先关计算机再关主机电源。

七、思考题

1. λ_{ex}^{max}、λ_{em}^{max} 各代表什么？为什么对某种组分其 λ_{ex}^{max} 和 λ_{em}^{max} 处的荧光强度应基本相同？
2. 从实验可以总结出几条影响物质荧光强度的因素？

实验四十四　KBr 压片法红外光谱练习

一、实验目的

1. 进一步理解红外光谱的原理，练习红外光谱的操作。
2. 掌握 KBr 压片法操作。
3. 尝试苯甲酸红外谱图解析。

二、实验原理

当样品受到红外线的照射后，样品分子会选择性吸收红外光波获得能量，使分子中的化学键产生振动或转动，这种现象与分子的结构密切相关，用连续的红外光波照射样品，检测照射前后的光的信息变化即可推测出分子的组成，以连续波长的红外线作为辐射源照射样品，记录样品吸收曲线可得到红外光谱图。

三、仪器与试剂

1. 仪器

红外光谱仪，红外灯，压片磨具，压片机。

2. 试剂

KBr（光谱纯），苯甲酸，丙酮。

四、实验步骤
1. 压片

KBr 用玛瑙研钵研磨后过 200 目的筛,在红外灯下烘干备用;取约 200mg KBr 装入压片磨具分散均匀,在压片机上用 15MPa 的压力压约 1min 取出,厚度在 1mm 左右均匀透明为佳,此片作为空白对照。再取约 1mg 苯甲酸与 200mg KBr,按照上述方法制备样品片。

2. 红外谱图扫描

首先将空白片放入仪器卡槽,设置为空白背景,扫描 $4000 \sim 400 \text{cm}^{-1}$ 范围,然后放入样品片设置为样品扫描,即得苯甲酸红外光谱图。

五、注意事项
1. KBr 和样品要干燥。
2. 研磨操作尽量在红外灯下。
3. 控制实验室内湿度。

六、思考题
1. 为什么红外光谱测定时样品不能含水分?
2. 为什么研磨操作在红外灯下?

实验四十五 红外吸收光谱定性分析

一、实验目的
1. 掌握溶液试样红外光谱图的测绘方法。
2. 学会利用红外光谱图进行化合物的鉴定。

二、实验原理

在红外光谱分析中,固体试样和液体试样都可采用合适的溶剂制成溶液,置于光程为 $0.01 \sim 1 \text{mm}$ 的液槽中进行测定。当液体试样量很小或没有合适的溶剂时,就可直接测定其纯液体的光谱。通常是将一滴纯液体夹在两块盐片之间以得到一层液膜,然后放入光路中进行测定,这种方法适用于定性分析。

制作溶液试样时常用的溶剂有 CCl_4(适用于高频范围)、CS_2、(适用于低频范围)、$CHCl_3$ 等,对于高聚物则多采用四氢呋喃(适用于氢键研究)、甲乙酮、乙醚、二甲亚砜、氯苯等。一般选择溶剂时应做到:①要注意溶剂-溶质间的相互作用,以及由此引起的特征谱带的位移和强度的变化,例如在测定含羟基及氨基的化合物时,要注意配成稀溶液,以避免分子间的缔合;②由于溶剂本身存在着吸收,所以选择时要注意溶剂的光谱,通常其透光率小于 35% 的范围内将会有干扰,大于 70% 的范围内则认为是透明的;③使用的溶剂必须干燥,以消除水的强吸收带,防止损伤液槽盐片;④有些溶剂由于易挥发、易燃且有毒性,使用时必须小心。

进行红外光谱定性分析,通常有两种方法。

(1) 用标准物质对照 在相同的制样和测定条件下(包括仪器条件、浓度、压力、湿度等),分别测绘被分析化合物(要保证试样的纯度)和标准的纯化合物的红外光谱图。若两者吸收峰的频率、数目和强度完全一致,则可认为两者是相同的化合物。

(2) 查阅标准光谱图 标准的红外谱图集,常见的有萨特勒(Sadtler)红外谱图集,"API" 红外光谱图,"DMS" 周边缺口光谱卡片。

上述的定性分析方法，一般是验证被分析的化合物是否为所期待的化合物的一种鉴定方法。如果要用红外光谱定性未知物的结构，则必须结合其他分析手段进行谱图解析。如果解析结果是前人鉴定过的化合物，则可继续采用上述方法进行鉴定。如是未知物，就需得到其他方面的数据（如核磁共振谱、质谱、紫外光谱等），以提出最可能的结构式。

三、仪器与试剂

1. 仪器

IR-400 型红外分光光度计或 7400 型红外分光光度计，洗耳球，2mL 注射器，可拆式液槽，固定式液槽（0.5mm 和 0.1mm）。

2. 试剂

一组已知分子式的未知试样，四氯化碳，氯仿，丙酮。

四、实验步骤

1. 液膜法

用滴管吸取未知液体试样，滴 1~2 滴于一盐片上，再压上另一盐片，两块盐片将会由于毛细作用而粘在一起，中间形成一层厚度小于 0.01mm 的液膜层。将两盐片小心地放置在可拆液槽的后框片上，盖上前框片，旋上四个螺帽，为避免用力不均匀导致盐片破碎，必须同时对角地小心旋紧，然后放入仪器的光路中测绘其吸收光谱，用同样方法测绘 2~3 个未知试样的红外光谱图。

2. 液槽法

按教师要求，配制 1~2 种未知试样的四氯化碳溶液（1%）和氯仿溶液（5%），用 2mL 注射器将溶液注入 0.5mm 液槽或 0.1mm 液槽的试样注入口，直至试样溶液由液槽上部试样出口小孔溢出为止，并立即用塞子塞住入口和出口，然后将液槽放到仪器的测量光路中。另取一相同厚度的液槽，注入相应量的溶剂（与试样中的溶剂量应大致相同）后，放到参比光路中，随即测绘它们的红外光谱图。

3. 查阅萨特勒红外光谱图

按教师给出的未知试样的分子式，使用萨特勒红外光谱图的分子式索引，根据分子式中各元素的数目顺序查出可能的光谱号（光栅），再根据光谱号找出与未知试样光谱图相同的标准谱图，进行对照，并确定该试样是什么化合物。

五、数据处理

1. 在测绘的谱图上准确标出所有吸收峰的波数。
2. 根据标准谱图查到的结构，列表讨论谱图上的主要吸收峰，并分别指出其归属。

六、注意事项

测量完毕后应立即倒出试样，并清洗液槽，可用注射器从试样注入口注入溶剂，由试样出口将溶剂抽出，速度要慢，以防溶剂迅速蒸发时空气中湿气凝集在盐片上而损坏盐片。清洗三次后，用洗耳球吹入干燥空气使之干燥，对于可拆式液槽，应卸下盐片，用棉花浸丙酮后擦去试样，再使其干燥。

七、思考题

1. 用固定液槽测量溶液试样时，为什么要用另一液槽装入溶剂后作为参比？
2. 配制试样溶液后，应如何选择溶剂？

实验四十六　红外吸收光谱的测定及结构分析

一、实验目的
1. 掌握红外光谱法进行物质结构分析的基本原理，能够利用红外光谱鉴别官能团，并根据官能团确定未知组分的主要结构。
2. 了解仪器的基本结构及工作原理。
3. 了解红外光谱测定的样品制备方法。
4. 学会傅里叶变换红外光谱仪的使用。

二、实验原理
红外吸收光谱法是通过研究物质结构与红外吸收光谱间的关系，来对物质进行分析的，红外光谱可以用吸收峰谱带的位置和峰的强度加以表征。测定未知物结构是红外光谱定性分析的一个重要用途。根据实验所测绘的红外光谱图的吸收峰位置、强度和形状，利用基团振动频率与分子结构的关系，来确定吸收带的归属，确认分子中所含的基团或键，并推断分子的结构，鉴定的步骤如下。

(1) 对样品做初步了解，如样品的纯度、外观、来源及元素分析结果，以及物理性质（相对分子质量、沸点、熔点）。

(2) 确定未知物不饱和度，以推测化合物可能的结构。

(3) 图谱解析

① 首先在官能团区（4000～1300cm^{-1}）搜寻官能团的特征伸缩振动；

② 再根据"指纹区"（1300～400cm^{-1}）的吸收情况，进一步确认该基团的存在以及与其他基团的结合方式。

三、仪器与试剂
1. 仪器

Nicolet 510P FT-IR Spectrometer（美国 Nicolet 公司），FW-4 型压片机（包括压模等）（天津市光学仪器厂），真空泵；玛瑙研钵，红外灯，镊子，可拆式液体池，盐片（NaCl、KBr、BaF_2 等）。

2. 试剂

KBr 粉末（光谱纯），无水乙醇（AR），滑石粉，丙酮，脱脂棉，对硝基苯甲酸，苯乙酮等。

四、实验步骤
1. 了解仪器的基本结构及工作原理

红外光谱仪的结构如图 3-9 所示。

2. 红外光谱仪的准备

(1) 打开红外光谱仪电源开关，待仪器稳定 30min 以上，方可测定。

(2) 打开电脑，选择 Win 98 系统，打开 OMNIC E. S. P 软件；在 Collect 菜单下的 Experiment Set-up 中设置实验参数。

(3) 实验参数设置：分辨率 4cm^{-1}，扫描次数 32，扫描范围 4000～400cm^{-1}；纵坐标为 Transmittance。

3. 红外光谱图的测试

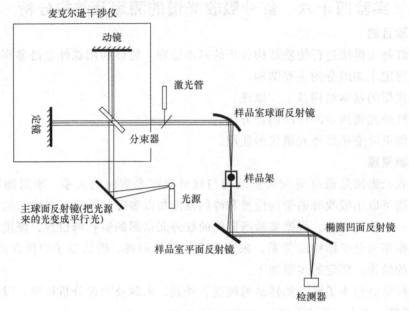

图 3-9　红外光谱仪的结构示意图

（1）液体样品的制备及测试　将可拆式液体样品池的盐片从干燥器中取出，在红外灯下用少许滑石粉混入几滴无水乙醇磨光其表面。再用几滴无水乙醇清洗盐片后，置于红外灯下烘干备用。将盐片放在可拆液池的孔中央，将另一盐片平压在上面，拧紧螺丝，组装好液池，置于光度计样品托架上，进行背景扫谱。然后，拆开液池，在盐片上滴一滴液体（苯乙酮）试样，将另一盐片平压在上面（不能有气泡）组装好液池。同前进行样品扫描，获得样品的红外光谱图。

扫谱结束后，将液体吸收池拆开，及时用丙酮洗去样品，并将盐片保存在干燥器中。

（2）固体样品的制备及测试　在红外灯下，采用压片法，将研成 $2\mu m$ 左右的对硝基苯甲酸粉末样品 $1\sim 2mg$ 与 $100\sim 200mg$ 光谱纯 KBr 粉末混匀再研磨后，放入压模内，在压片机上边抽真空边加压，压力约 10MPa，制成厚约 1mm、直径约 10mm 的透明薄片。采集背景后，将此片装于样品架上，进行扫描，看透光率是否超过40%，若达到，测试结果正常，若未达到40%，需根据情况增减样品量后，重新压片。

扫谱结束后，取下样品架，取出薄片，按要求将模具、样品架等清理干净，妥善保管。

五、数据处理

1. 根据苯乙酮的光谱进行图谱解析

在 $3000cm^{-1}$ 附近有四个弱吸收峰，这是苯环及 CH_3 的 C—H 伸缩振动；在 $1600\sim 1500cm^{-1}$ 处有 $2\sim 3$ 个峰，是苯环的骨架振动，所以可判定该化合物有苯环存在。在指纹区 $760cm^{-1}$、$692cm^{-1}$ 处有 2 个峰，说明是单取代苯环；在 $1687cm^{-1}$ 处强吸收峰为 C＝O 的伸缩振动，在 $1265cm^{-1}$ 出现强吸收峰，这是芳香酮的吸收；在 $1363cm^{-1}$ 及 $1430cm^{-1}$ 处的吸收峰分别为 CH_3 的 C—H 对称及反对称变形振动，所以根据上述图谱分析此物质的结构与苯乙酮标准红外光谱比较，完全一致。

2. 根据对硝基苯甲酸的图谱进行解析

在 3020cm^{-1} 的吸收峰是苯环上的═C—H 伸缩振动引起的。在 1605cm^{-1}、1511cm^{-1} 的吸收峰是苯环骨架 C═C 伸缩振动引起的。在 817cm^{-1} 的吸收峰说明苯环上发生了对位取代。

在 3000cm^{-1} 左右和 1400cm^{-1} 左右的吸收峰是酸的吸收，在 1530cm^{-1}、1300cm^{-1} 处是基团—NO$_2$ 的吸收峰。所以推测是对硝基苯甲酸，再与对硝基苯甲酸的标准红外图谱比较。

六、注意事项

1. 制备试样是否规范直接关系到红外图谱的准确性，所以对液体样品，应注意使盐片保持干燥透明，每次测定前后均应用无水乙醇及滑石粉抛光，在红外灯下烘干。对固体样品经研磨后也应随时注意防止吸水，否则压出的片子易粘在模具上。

2. 仪器注意防震、防潮、防腐蚀。

七、思考题

1. 为什么进行红外吸收光谱测试时要做空气背景扣除？
2. 进行液体样品测试时，如样品中含水应该如何操作？
3. 进行固体样品测试时，为什么要将样品研磨至 2μm 左右？
4. 影响基团振动频率的因素有哪些？这对于由红外光谱推断分子的结构有什么作用？

实验四十七　苯甲酸红外光谱的测绘

一、实验目的

1. 掌握 KBr 压片法制备样品的方法。
2. 了解红外光谱仪的结构，熟悉红外光谱仪的使用方法。
3. 了解苯甲酸的红外光谱特征，通过实验掌握有机化合物的红外光谱定性方法。

二、实验原理

红外光谱是样品受到频率连续变化的红外光照射时，分子中有偶极矩变化的振动产生的吸收所得到的光谱。红外光谱用于定性分析时，就是根据实验所测绘的红外光谱图的吸收峰位置、强度和形状，通过用各种特征吸收图表，确定吸收带的归属，确定分子中所含的基团或键，然后与推断所得的化合物的标准谱图进行对照，做出结论。

苯甲酸分子中含有苯环、羧基和一取代等特征基团。单核芳烃 C═C 骨架振动吸收出现在 1500~1450cm^{-1} 和 1600~1580cm^{-1}，这是鉴定有无芳环的重要标志，一般 1600cm^{-1} 峰较弱，而 1500cm^{-1} 峰较强，但苯环上的取代情况会使这两峰发生位移。若在 2000~1700cm^{-1} 之间有锯齿状的倍频吸收峰，是确定单取代苯的重要旁证。羧酸中羰基 C═O 的振动吸收为 1690cm^{-1}，羧基的 O—H 缔合伸缩振动吸收为 3200~2500cm^{-1} 区域的宽吸收峰。

本实验以苯甲酸为例，用固体压片法测得红外吸收光谱后，根据谱图中各特征吸收峰来确定分子中存在的基团及其在分子结构中的相对位置。

三、仪器与试剂

1. 仪器

Nicolet 380 型红外光谱仪，压片机（油压机），压片模具；玛瑙研钵，不锈钢铲，镊子，红外灯。

2. 试剂

KBr 粉末（光谱纯），无水乙醇（AR），未知样品。

四、实验步骤

1. 实验条件

压片压力：25MPa；参比物：空气；室内温度：18～20℃；室内相对湿度：<65%。

2. 开机

接通 220V 电源，依次打开傅里叶变换红外光谱仪、计算机及打印机电源。仪器预热 15min 后，打开 OMNIC 软件。

3. 参数设置

光谱采集参数：包括扫描次数（20）、分辨率（$4.0cm^{-1}$）、测定方式（transmittance/%）、采集的光谱范围（400～$4000cm^{-1}$）；

设置背景：实验设置→背景→指定背景使用时间→1000min。

4. 制片

在红外灯下，用镊子取酒精药棉，将所有的玛瑙研钵、药匙、压片模具的表面等擦拭一遍，烘干。取 150～200mg KBr 粉末在玛瑙研钵中研磨，使其粒度在 $2.5\mu m$。用不锈钢铲移取适量粉末放入模具中，把压模置于压片机上，旋转压力丝杆手轮压紧模具，顺时针旋转放油阀至底部，然后一边抽气，一边缓慢上下移动压把，加压至 25MPa 时，停止加压，维持 2min，反时针旋转放油阀，解除加压，压力表指针指 "0"，旋松压力丝杆手轮取出压模，即可得到一定直径及厚度的 KBr 透明片。

再取 1～2mg 待测样品加入到剩余的 KBr 粉末中（样品与 KBr 的质量比为 1：100），在玛瑙研钵中混匀，继续研磨至粒度在 600 目以上。与 KBr 相同压片，得试样薄片。

5. 测背景

把 KBr 薄片置于固体样品架上，样品插入到红外光谱仪的试样窗口，关闭样品室，在 400～$4000cm^{-1}$ 波数范围内，扫描测绘其红外光谱图。

6. 测样

用与测背景同样的方法测绘试样的红外光谱图。

7. 光谱处理

基线校正、平滑和标峰。

8. 保存谱图（命名以时间＋样品名称为标准），打印。

9. 清理实验台，用无水乙醇清洗压片模具、研钵等。并在红外烘箱中烘干。

10. 关闭所有电源。

五、数据处理

1. 确定未知物各主要吸收峰，并确认其归属。

2. 通过谱库，比较标准苯甲酸与样品苯甲酸的谱图，列表比较和讨论它们主要吸收峰的位置。

六、注意事项

1. 制得的晶片必须均匀透明。发白处是因为 KBr 填得少，压不实；晶片模糊，表示晶体吸潮。

2. 试样的浓度和测试厚度应选择适当，浓度太小，厚度太薄，会使一些弱的吸收峰显示不出；过大、过厚，会使强的吸收峰超过标尺。

七、思考题
1. 用压片法制样时，为什么要求将固体试样研磨至粒径为 600 目？样品及所有器具不干燥会对实验结果产生什么影响？
2. 芳香烃的红外特征吸收在谱图的什么位置？
3. 羰基化合物谱图的主要特征峰是什么？

实验四十八　苯甲酸和水杨酸的红外吸收光谱的定性分析

一、实验目的
1. 学习使用红外吸收光谱法进行化合物的定性分析。
2. 掌握用压片法制作固体试样晶片的方法。
3. 熟悉红外分光光度仪的工作原理及使用方法。

二、实验原理
红外光谱法是鉴别化合物和确定分子结构的常用方法之一。当一束具有连续波长的红外光通过物质，物质分子中某个基团的振动频率或转动频率和红外光的频率一样时，分子就吸收能量由原来的基态振（转）动能级跃迁到能量较高的振（转）动能级，分子吸收红外辐射后发生振动和转动能级的跃迁，该处波长的光就被物质吸收。所以，红外光谱法实质上是一种根据分子内部原子间的相对振动和分子转动等信息来确定物质分子结构和鉴别化合物的分析方法。将分子吸收红外光的情况用仪器记录下来，就得到红外光谱图。红外光谱图通常用波长（λ）或波数（σ）为横坐标，表示吸收峰的位置，用透光率（$T/\%$）或者吸光度（A）为纵坐标，表示吸收强度。

当外界电磁波照射分子时，如照射的电磁波的能量与分子的两能级差相等，该频率的电磁波就被该分子吸收，从而引起分子对应能级的跃迁，宏观表现为透射光强度变小。电磁波能量与分子两能级差相等为物质产生红外吸收光谱必须满足的条件之一，这决定了吸收峰出现的位置。

红外吸收光谱产生的第二个条件是红外光与分子之间有偶合作用，为了满足这个条件，分子振动时其偶极矩必须发生变化。这实际上保证了红外光的能量能传递给分子，这种能量的传递是通过分子振动偶极矩的变化来实现的。并非所有的振动都会产生红外吸收，只有偶极矩发生变化的振动才能引起可观测的红外吸收，这种振动称为红外活性振动；偶极矩等于零的分子振动不能产生红外吸收，称为红外非活性振动。

红外吸收光谱可用于研究分子的结构和化学键，也可以作为表征和鉴别化学物种的方法，利用化学键的特征波数来鉴别化合物的类型，并可用于定量测定。此外，在高聚物的构型、构象、力学性质的研究，以及物理、天文、气象、遥感、生物、医学等领域，也有广泛应用。

三、仪器与试剂
1. 仪器

红外光谱仪，Thermo Scientific，Nicolet 6700 FT-IR，KBr 压片器及其附件，玛瑙研钵，烘箱。

2. 试剂

苯甲酸，水杨酸；KBr（光谱纯）。

四、实验步骤

1. 分别称取 1~2mg 干燥后的苯甲酸或水杨酸和 100mg 干燥的 KBr，一并倒入玛瑙研钵中进行研磨，研至 2μm 左右。

2. 取上述混合物粉末倒入压片器中压成透明薄片，放至红外光谱仪上进行测试，打印或输出苯甲酸和水杨酸的红外吸收光谱图。

五、数据处理

1. 在苯甲酸红外光谱图上，标出各特征吸收峰的波数，并进行标记说明。
2. 指出水杨酸红外光谱图中各官能团的特征吸收峰，并进行标记说明。

六、注意事项

压片若不透明或有裂缝时需要重新压片。

七、思考题

1. 红外吸收光谱分析对固体试样的制片有什么要求？
2. 影响样品红外光谱图质量的因素有哪些？

3.4 核磁共振波谱实验

实验四十九 核磁共振（NMR）演示实验

核磁共振（Nuclear Magnetic Resonance，NMR），是指具有磁矩的原子核在静磁场中，受到电磁波的激发而产生的共振跃迁现象。

1945 年 12 月，美国哈佛大学珀塞尔（E. M. Purcell）等人，首先观察到石蜡样品中质子（即氢原子核）的核磁共振吸收信号；1946 年 1 月，美国斯坦福大学布珞赫（F. Bloch）研究小组在水样品中也观察到质子的核磁共振信号，两人由于这项成就，获得 1952 年诺贝尔物理奖。核磁共振的相关技术仍在不断发展之中，其应用范围也在不断扩大，希望通过本实验能使同学能了解其基本原理和实验方法。

一、实验目的

1. 了解核磁共振基本原理。
2. 观察核磁共振稳态吸收信号及尾波信号。
3. 用核磁共振法校准恒定磁场 B_0。

二、实验原理

1. 核磁矩及其排列

核磁共振理论的严格描述必须用到量子力学，但也可以用比较容易接受的经典物理模型进行描述。许多原子核（并非全部）可被看成为很小的条形磁铁，有旋转，所以这些原子核具有不为零的角动量 P 和磁矩 [图 3-10（a）]，简称核磁矩。

通常，原子核的磁极可以指向任意方向，如无外界干扰，它们的指向是没有限制的 [图 3-10（b）]。一般我们面对的总是数量巨大的原子核群，它们磁矩的矢量平均值为零，即宏观上对外表现没有磁矩。但是当把这些原子核群放在外部磁场中时，原子核的磁矩要

(a) 原子核的磁矩　　(b) 没有外磁场时　　(c) 与外磁场作用时

图 3-10　核磁共振原理示意

与外磁场相互作用，最终的结果是原子核群合成的宏观磁矩 μ 不为零。并与外磁场保持平行 [图 3-10（c）]。简单的，可以看成是原子核的排列与外磁场平行。

2. 经典物理的矢量模型——拉莫尔进动

在牛顿力学中，一个有一定质量的高速旋转的物体受到重力作用时，当自转轴不与重力平行时，就会产生进动。自然，由于核磁矩与外磁场的相互作用，原子核也会产生进动。

由角动量定理可知，其力矩为

$$\vec{L} = \vec{\mu} \times \vec{B} = \frac{d\vec{P}}{dt}$$

这个力矩 $\vec{L}$ 迫使角动量 $\vec{P}$ 的方向发生改变，围绕外磁场 $\vec{B}$ 的方向旋转。磁矩 $\vec{\mu}$ 的方向和自旋角动量 $\vec{P}$ 平行，大小成比例，关系为 $\vec{\mu} = \gamma \vec{P}$，所以得到磁矩 $\vec{\mu}$ 的进动关系：

$$\frac{d\vec{\mu}}{dt} = \vec{\mu} \times \gamma \vec{B}$$

式中，γ 称为旋磁比。上式的矢量关系可用图 3-11 表示，进动的角频率 ω_0 为：

$$\omega_0 = \gamma B$$

$\vec{\mu}$ 与外磁场 $\vec{B}$ 的作用能为：

$$E = -\vec{\mu}\vec{B} = -\mu B \cos\theta$$

3. 共振

如果这时在 x-y 平面中加一个旋转磁场 B_1（见图 3-12），当 B_1 的角频率 ω 与进动的角频率相等时，磁矩 μ 当与 B_1 相对静止，那么会使磁矩 μ 再绕 B_1 产生进动，结果使夹角 θ 增大，说明原子核吸收能量，势能增加。所以要使原子核产生共振，其条件为：

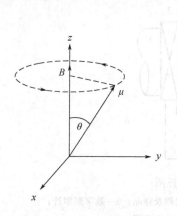

图 3-11　拉莫尔进动

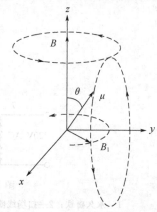

图 3-12　共振时 μ 的运动状态

$$\omega = \omega_0 = \gamma B$$

γ 的大小与原子核的性质有关，这是一个可测量的物理量，其意义是单位磁感应强度下的共振频率。对于裸露的质子，$\gamma/2\pi = 42.577469 \text{MHz/T}$。但在原子或分子中，由于原子核受附近电子轨道的影响使核所处的磁场发生变化，导致在完全相同的外磁场下，不同化学结构的核磁共振频率不同。$\gamma/2\pi$ 值将略有差别，这种差别是研究化学结构的重要信息，称为化学位移。

对于核磁共振，在量子力学中的解释是，核磁矩与外磁场的作用造成能级分裂，当加上一个与能级间隔对应的交变磁场时，将产生共振跃迁，粒子从交变磁场中吸取能量。其关系是：

$$\Delta E = h\nu = Z\mu B$$

4. 共振信号

要产生一个旋转磁场是比较复杂的，实际上仅用一个直的螺线管线圈就能产生所需的共振磁场，如图3-13所示。尽管这样的线圈只能产生线偏振的磁场，至于为什么也能够产生共振？请同学们自己分析。从原理上说，有了外部的静磁场 B 和合适的共振磁场 B_1，就已经产生共振了，但是如何才能观察到共振信号，这里还要做技术上的处理。为了能够观察到稳定的共振信号，必须使共振信号连续重复出现。为此，可以固定共振磁场的频率，在共振点附近连续反复改变静磁场的场强，使其扫过共振点，这种方法称为扫场法。这种方法需要在平行于静磁场的方向上叠加一个较弱的交变磁场，简称扫场。在连续改变时，要求场强缓慢地通过共振点，这个缓慢是相对原子核的弛豫时间而言的。

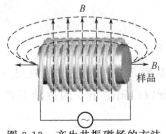

图3-13 产生共振磁场的方法

三、实验仪器

实验装置见图3-14，它由永久磁铁、扫场线圈、探头（含电路盒和样品盒）、检测器、可调变压器和220V/6V变压器组成。其作用如下。

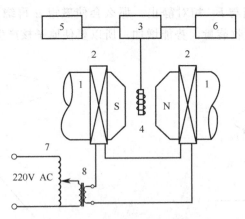

图3-14 核磁共振实验装置图

1—永久磁铁；2—扫场线圈；3—电路盒；4—振荡线圈及样品；5—数字频率计；
6—示波器；7—可调示波器；8—6V变压器

(1) 永久磁铁：对永久磁铁要求有强的磁场和足够大的匀场区，本实验用的磁场强度约为 0.5 T，中心区 (5mm^3) 均匀性优于 10^{-5} T。

(2) 扫场线圈：产生一个可变幅度的扫场。

(3) 探头（含电路盒和样品盒）：有两个探头，一个是掺有三氯化铁的水样品，另一个是固体样品聚四氟乙烯。

(4) 可调变压器和 220V/6V 变压器：用来调节扫场线圈的电流，220V/6V 还有隔离作用。

四、实验步骤

1. 记录下仪器的编号和样品盒的编号。本实验的静磁场场强均在 0.57T 左右，所以水的氢核共振频率在 24~25MHz。

2. 标定样品所处位置的磁场强度 B_0。

将样品盒放在永久磁铁的中心区，观察掺有三氯化铁的水中质子的磁共振信号，测出样品在永久磁铁中心时质子的共振频率 ν。

五、注意事项

1. 由于扫场的信号从市电取出，频率为 50Hz。每当 50Hz 信号过零时，样品所处的磁场就是恒定磁场 B_0。所以应先加大扫场信号，让总磁场有较大幅度的变化范围，以利于找到磁共振信号，然后调整频率。

2. 样品在磁场的位置很重要，应保证处在磁场的几何中心，除非有其他要求。

3. 调节时要缓慢，否则 NMR 信号一闪而过。

4. 请勿打开样品盒。

5. 调节扫场幅度的可调变压器的调节范围为 0~100V。

实验五十　核磁共振氢谱实验

一、实验目的

1. 了解核磁共振的基本概念。
2. 了解实现核磁共振的基本条件。
3. 熟悉核磁共振氢谱的实验方法，核磁共振氢谱的主要参数。
4. 学会简单核磁共振氢谱的分析方法（包括 $N+1$ 规律及积分面积在 ^{1}H NMR 分析中的意义）。

二、实验原理

1. 核磁共振的概念

具有磁性的原子核，处在某个外加静磁场中，受到特定频率的电磁波的作用，在它的磁能级之间发生的共振跃迁现象，叫核磁共振现象。

2. 核磁共振的共振条件

① 具有磁性的原子核（γ：某种核的旋磁比）。

② 外加静磁场（B_0）中。

③ 一定频率（ν）的射频脉冲。

④ 公式：$\nu = \dfrac{\gamma}{2\pi} B_0$

3. 化学位移的概念及产生

由核磁共振的概念可知：同一种类型的原子核的共振频率是相同的，这里是指裸露的原子核，没有考虑原子核所处的化学环境，实际上当原子核处在不同的基团中时（即不同化学环境），其所感受到的磁场是不相同的。

核磁共振的条件为：

$$h\nu = \frac{h}{2\pi}\gamma B_0$$

由于不同基团的核外电子云的存在，对原子核产生了一定的屏蔽作用。

核外电子云在外加静磁场中产生的感应磁场为：

$$B' = -\sigma B_0$$

式中，σ 为磁屏蔽常数。

原子核实际感受到的磁场是外加静磁场和电子云产生的磁场的叠加：

$$B = B_0 - B' = B_0 - \sigma B_0 = (1-\sigma)B_0$$

所以，原子核的实际共振频率为：

$$\nu = \frac{\gamma}{2\pi}(1-\sigma)B_0$$

对于同一种元素的原子核，如果处于不同的基团中（即化学环境不同），原子核周围的电子云密度是不相同的，因而共振频率 ν 不同，因此产生了化学位移。

化学位移（δ）定义为：

$$\delta = \frac{\nu_{样品} - \nu_{参考物}}{\nu_{参考物}} \times 10^6$$

4. 核磁共振谱仪的工作方式

（1）**连续波工作方式** 分为两种工作方式：固定磁场、改变频率的变频操作和固定频率、改变磁场的扫场方式。

（2）**脉冲波的工作方式** 电子学知识可知：一个脉冲波展开在频率域内是覆盖一定频率范围的一个频带。也就是说：一个脉冲相当于在一个极短的时间内发出所有的频率，让这个频率范围内的所有核同时共振。然后同时检测各个化学环境不同的原子核从高能态返回到低能态时放出的能量。

三、仪器与试剂

1. 仪器

AV-500（AVANCE，Bruker 公司）。样品管：核磁共振的样品管是专用样品管，直径 5mm，长度大于 150mm。

2. 试剂

$CDCl_3$（CIL 公司进口试剂）；乙基苯（AR）。

四、实验步骤

1. 样品管的要求

核磁共振的样品管是专用样品管，由质量好的耐温玻璃做成，也有采用石英或聚四氟乙烯（PTFE）材料制成的。要求样品管无磁性，管壁平直、厚度均匀。样品管形状是圆筒形的，样品管的直径取决于谱仪探头的类型，外径可小到 1mm，大到 25mm。常见的样品管直径有 5mm、10mm、2.5mm 三种，长度要求大于 150mm。本仪器使用的样品管是 5mm 的。

2. 配制样品及要求

由于核磁共振是一种定性分析的方法，所以样品的取样量没有严格的要求，取样原则是：在能达到分析要求的情况下，样品量少一些为好，样品浓度太大，谱图的旋转边带或卫星峰太大，而且，谱图分辨率变差，不利于谱图的分析。

固体样品取 5mg 左右，液体样品取 0.05mL 左右。将样品小心地放入样品管中，用注射器取 0.5mL $CDCl_3$（氘代氯仿）注入样品管，使样品充分溶解。要求样品与试剂充分混合，溶液澄清、透明、无悬浮物或其他杂质。

3. 开机

① 打开计算机电源。

② 运行 CCU 监控程序。

③ 开机柜电源，总电源→BSMS/2 电源→BLAX300/1 电源→BLAX300/2 电源→AQS 电源。

④ 进入 NMR 程序：双击桌面"TOPSPIN3.1"。

⑤ 初始化：键入"CF↵"。

仪器进行自检和初始状态设置。

4. 标准样品放入磁场

① 将标准样品放入磁铁中（参考步骤 6 中①②③④步）。

② 调入以前做过的谱图，键入"ii↵"。初始化采样参数。

5. 仪器状态调整

① 打开采样向导　点击菜单"Spectrometer/DATA Acquisition Guide"，出现图 3-15 所示界面。

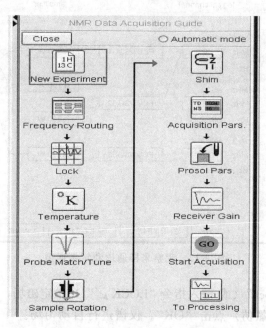

图 3-15　NMR 数据采集向导图

② 新实验设置 点击"New Experiment"(或键入指令"NEW ↙")设计新实验。出现图 3-16 所示界面。

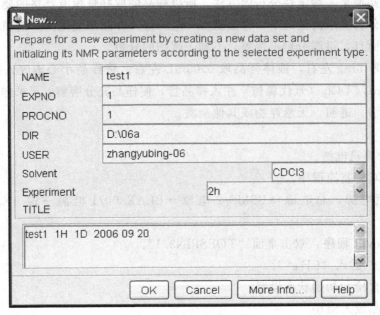

图 3-16 新实验设置对话框

③ 通道设置 点击"Frequency Routing"(或键入指令"↙")观察采样通道和氘锁通道,出现图 3-17 所示界面。

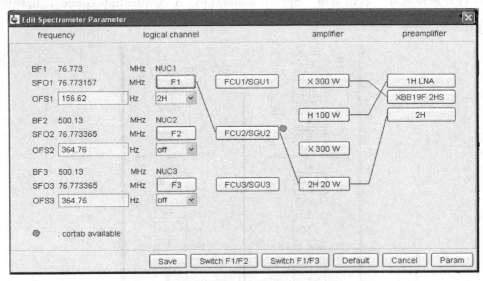

图 3-17 观察采样通道和氘锁通道

④ 锁场 点击"Lock"(或 键入指令"LOCK ↙")锁定磁场,出现图 3-18 所示界面。选取 CDCl$_3$(氘代氯仿)点击"OK"。仪谱进行自动匀场。

⑤ 探头调谐 点击"Probe Match/Tune"(或 键入指令"atma ↙"),在当前样品状

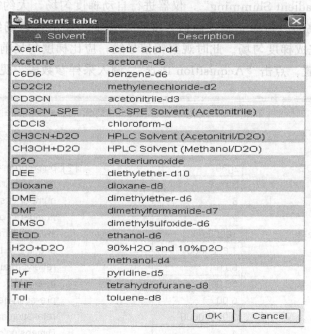

图 3-18 溶剂选取对话框

态下对探头进行调谐。

⑥ 梯度匀场　按小键盘上的"SPIN ON/OF",让样品旋转,此时"SPIN ON/OF"上指示灯闪烁,等待直到指示灯稳定。然后点击"Shim"(或键入指令"shim ↙")进入梯度匀场对话框,出现图 3-19 所示界面。

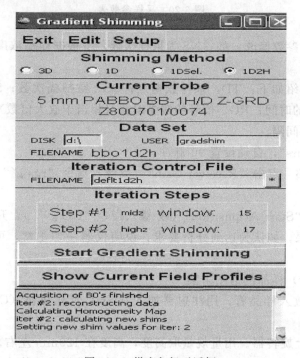

图 3-19 梯度匀场对话框

点击"Start Gradient Shimming",仪器进行自动梯度匀场,大约需要 3min 时间,可看到锁信号线上下跳动。匀场完毕,锁信号线重新锁上。并出现匀场结果(result)对话框,点击"OK",完成梯度匀场。此时观察锁信号线,应比梯度匀场前细。

⑦ 采样参数设置 点击"Acquisition Pars",调入采样参数表,见图 3-20。

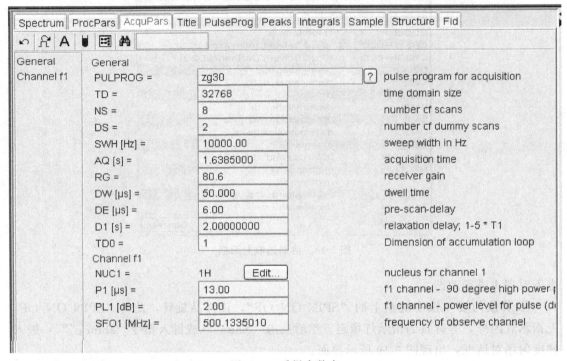

图 3-20 采样参数表

可根据要求进行参数修改,如:NS 为采样次数,可根据样品浓度情况设置 NS=4 或 8 或 32 次等。

其他主要参数介绍如下:TD,采样数据点;DS,空扫描次数;SWH,氢谱的宽度;AQ,一次采样所花的时间;RG,信号的接受增益(相当于放大倍数);D1,谱图累加时,两次采样之间的时间间隔。

点击"Prosol Pars",自动设置 90°脉冲。

⑧ 接受增益调整 点击"Receiver Gain"(或键入指令"rga✓")可手动/自动设置采样的接受增益。

⑨ 采样 点击"Start Acquisition"(或 键入指令"GO✓"),开始标准样品的采样。

⑩ 评价采样结果,如认为达到分析要求,说明仪器一切正常,可进行下一步未知样品的实验。

6. 未知(欲分析)样品的谱图采集

① 将未知样品放入样品管,用注射器加入 0.5mL 氘代氯仿($CDCl_3$)。使样品充分溶解。

② 将样品管套上旋转器。用量规量取高度,高度在 120mm 左右。

③ 按小键盘上"LEFT"键,弹出磁铁中原来的标准样品。将本样品放入磁铁中,再

按"LEFT"键，使样品进入磁铁中。

④ 观察小键盘上"DOWN"指示灯（绿灯），直到等亮。

⑤ 开始新实验　步骤参考 5 中②新实验设置→③通道设置→④锁场→⑤探头调谐→⑥梯度匀场→⑦采样参数设置→⑧接受增益调整→⑨采样。

采样开始后，在计算机屏幕右下角工具条中可看到采样基本信息，包括：当前扫描次数/实验设定次数（Scan），剩余时间（residual time），实验数（experiments）。

采样结束后，计算机屏幕左下角显示"acquisition finished"。

五、数据处理

① 设置窗函数　键入"LB=0.3"。
② 傅里叶变换　键入"EFP"或"FP ↙"。
③ 相位自动校正　键入"APK ↙"。
④ 基线自动校正　键入"ABS ↙"。
⑤ 标记峰的化学位移　键入"PP ↙"。
⑥ 标记积分面积　键入"INT ↙"。

谱图调整满意后，可进行谱图绘制。键入"PLOT ↙"进入绘图模式，在此模式中可完成谱图的伸缩、放大、线条的粗细、数字的大小，谱图颜色，坐标轴设计，标题设计等功能调整，最后，按个人的喜好、要求输出 NMR 谱图。

六、思考题

1. 乙基苯的 ^{1}H NMR 谱中化学位移 2.65 处的峰为什么分裂成四重峰？化学位移 1.25 处的峰为什么分裂成三重峰？其峰裂分的宽度有什么特点？

2. 利用 ^{1}H NMR 谱图计算，可否计算两种不同物质的含量？为什么？

3.5 热分析实验

实验五十一　$CuSO_4 \cdot 5H_2O$ 的差热分析

一、实验目的

1. 用差热仪绘制 $CuSO_4 \cdot 5H_2O$ 等样品的差热图。
2. 了解差热分析仪的工作原理及使用方法。
3. 了解热电偶的测温原理和如何利用热电偶绘制差热图。

二、实验原理

物质在受热或冷却过程中，当达到某一温度时，往往会发生熔化、凝固、晶型转变、分解、化合、吸附、脱附等物理或化学变化，并伴随着有焓的改变，因而产生热效应，其表现为物质与环境（样品与参比物）之间有温度差。差热分析（Differential Thermal Analysis，DTA）就是通过温差测量来确定物质的物理化学性质的一种热分析方法。

差热分析仪的结构如图 3-21 所示。它包括带有控温装置的加热炉、放置样品和参比物的坩埚、用以盛放坩埚并使其温度均匀的保持器、测温热电偶、差热信号放大器和信号接收系统（记录仪或微机）。差热图的绘制是通过两支型号相同的热电偶，分别插入样品和参比物中，并将其相同端连接在一起（即并联，见图 3-21）。A、B 两端引入记录笔 1，记录炉温信号。A、C 两端引入记录笔 2，记录差热信号。然后以记录的时间-温度（温差）作图就称为差热图，或称为热谱图（见图 3-22）。

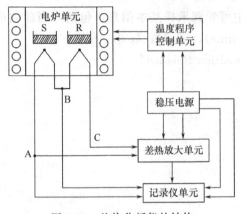

图 3-21 差热分析仪的结构

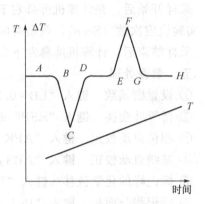

图 3-22 典型的差热图

从差热图上可清晰地看到差热峰的数目、位置、方向、宽度、高度、对称性以及峰面积等。峰的数目表示物质发生物理化学变化的次数；峰的位置表示物质发生变化的转化温度（如图 3-22 中 B、D、E、G）；峰的方向表明体系发生热效应的正负性；峰面积说明热效应的大小：相同条件下，峰面积大的表示热效应也大。在相同的测定条件下，许多物质的热谱图具有特征性：即一定的物质就有一定的差热峰的数目、位置、方向、峰温等，因此，可通过与已知的热谱图的比较来鉴别样品的种类、相变温度、热效应等物理化学性质。因此，差热分析广泛应用于化学、化工、冶金、陶瓷、地质和金属材料等领域的科研和生产部门。理论上讲，可通过峰面积的测量对物质进行定量分析。

本实验采用 $CuSO_4 \cdot 5H_2O$，$CuSO_4 \cdot 5H_2O$ 是一种蓝色斜方晶系，在不同温度下，可以逐步失水：

$$CuSO_4 \cdot 5H_2O \longrightarrow CuSO_4 \cdot 3H_2O \longrightarrow CuSO_4 \cdot H_2O \longrightarrow CuSO_4(s)$$

从反应式看，失去最后一个水分子显得特别困难，说明各水分子之间的结合能力不一样。

4 个水分子与铜离子以配位键结合，第五个水分子以氢键与两个配位水分子和 SO_4^{2-} 结合。

所以 $CuSO_4 \cdot 5H_2O$ 可以写为 $[Cu(H_2O)_4]SO_4 \cdot H_2O$，简单平面式如下：

加热失水时，先失去上图中 Cu^{2+} 左边的 2 个非氢键水，再失去图中 Cu^{2+} 右边所示的（标号③、④）的 2 个水分子，最后失去以氢键与硫酸根结合的水分子。

三、仪器与试剂

1. 仪器

差热分析仪。

2. 试剂

分析纯 $CuSO_4 \cdot 5H_2O$，参比物 $\alpha\text{-}Al_2O_3$。

四、实验步骤

1. 开启仪器电源开关，将各控制箱开关打开，仪器预热。开启计算机开关。

2. 参比物（$\alpha\text{-}Al_2O_3$）可多次重复利用。取干净的坩埚，装入 $CuSO_4 \cdot 5H_2O$ 样品，装满，颠实 50 次，再次加入 $CuSO_4 \cdot 5H_2O$ 将坩埚填满，备用。

3. 抬升炉盖，将上步装好的 $CuSO_4 \cdot 5H_2O$ 样品放入炉中，盖好炉盖。

4. 打开计算机软件进行参数设定，横坐标 3000s，纵坐标 400℃，升温速率 $12℃ \cdot min^{-1}$。

5. 参数设定完毕后点击"开始实验"，点击"加热"后点击"继续"，待图中出现三个脱水峰后，温度曲线趋于平稳，停止实验，读取数据、进行数据处理。

6. 实验完毕后由于温度较高所以坩埚不必取出，待坩埚冷却下次实验再取出即可。

五、数据处理

1. 记录各峰对应的脱水温度及峰顶温度。

样品	$CuSO_4 \cdot 5H_2O$		
峰号	1	2	3
脱水温度/℃			
峰顶温度/℃			
参考脱水温度/℃	85	115	230

2. 找出各峰失水的情况。

六、注意事项

1. 坩埚一定要清理干净，否则坩垢不仅影响导热，杂质在受热过程中也会发生物理化学变化，影响实验结果的准确性。

2. 样品必须研磨得很细，否则差热峰不明显；但也不要太细。一般差热分析样品研磨到 200 目为宜。样品要均匀平铺在坩锅底部。否则作出的曲线基线不平整。

3. 实验过程中注意不要动计算机键盘。

七、思考题

1. DTA 实验中如何选择参比物？常用的参比物有哪些？

2. 差热曲线的形状与哪些因素有关？影响差热分析结果的主要因素是什么？

3. DTA 和简单热分析（步冷曲线法）有何异同？

4 常规仪器简介

4.1 722N 型分光光度计的使用

一、原理

钨卤素灯发出的连续辐射光经滤色片选择后，由聚光镜聚光投向单色器进狭缝，此狭缝正好于聚光镜及单色器内准直镜的焦平面上，因此进入单色器的复合光通过平面反射镜反射及准直镜准直变成平行光射向色散元件光栅，光栅将入射的复合光通过衍射作用形成按照一定顺序均匀排列的、连续的单色光谱，此单色光谱重新回到准直镜上，由于仪器出射狭缝设置在准直镜的焦平面上。这样，从光栅色散出来的光谱经准直镜后利用聚光原理成像在出射狭缝上，出射狭缝选出指定带宽的单色光通过聚光镜落在试样室被测样品中心，样品吸收后透射的光经光门射向光电池接收。722N 型分光光度计光学原理如图 4-1 所示。

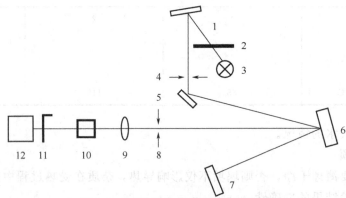

图 4-1　722N 型分光光度计光学原理

1—聚光镜；2—滤色片；3—钨卤素灯；4—进狭缝；5—反射镜；6—准直镜；
7—光栅；8—出狭缝；9—聚光镜；10—样品架；11—光门；12—光电池

二、仪器结构

722N 型分光光度计（如图 4-2 所示）是以卤钨灯为光源，衍射光栅为色散元件的单光束、数显式仪器。工作波长范围为 330～800 nm，波长精度为 ±2 nm，光谱带宽为 5 nm，吸光度显示范围为 0～1.999。

本仪器键盘共 4 个键，分别为："A/T/C/F"；"SD"；"▽/0%"；"△/100%"。

（1）"A/T/C/F" 键　按此键来切换 A、T、C、F 之间的值。

A——吸光度（Absorbavce）；T——透射比（Trans）；C——浓度（Conc）；F——斜率（Factor）。

F 值通过按键输入（后面介绍如何设置）。

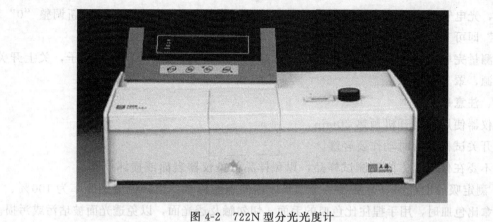

图 4-2　722N 型分光光度计

(2) "SD" 键　该键共有 2 个功能。

① 用于 RS232 串行口和计算机传输数据（单向传输数据，仪器发向计算机）。

② 当处于 "F" 状态时，具有确认的功能，即确认当前的 F 值，并自动转到 "C"，计算当前的 c 值（$c = FA$）。

(3) "▽/％" 键：该键具有 2 个功能。

① 调零：只有在 "T" 状态时有效，关闭样品室盖，按键后应显示 "0.000"、"1000"。

② 下降键：只有在 "F" 状态时有效，按本键 F 值会自动减 1，如果按住本键不放，自动减 1 会加快速度，如果 F 值为 0 后，再按键它会自动变为 1999，再按键开始自动减 1。

(4) "△/100％" 键：该键具有 2 个功能。

① 只有在 "A"、"T" 状态时有效，关闭样品室盖，按键后应显示 "0.000"、"100.0"。

② 上升键：只有在 "F" 状态时有效，按本键 F 值会自动加 1，如果按住本键不放，自动加 1 会加快速度，如果 F 值为 1999 后，再按键它会自动变为 0，再按键开始自动加 1。

三、仪器操作步骤

1. 插上电源，打开开关，打开样品室盖，按 "A/T/C/F" 键，选择 "T％" 状态，选择测量所需波长，预热 30min。

2. 开始测量时要先调节仪器的零点，方法为：保持在 "T％" 状态，当关上样品室盖时，屏幕应显示 "100.0"，如否，按 "0A/100％" 键；打开样品室盖，屏幕应显示 "000.0"，如否，按 "0％" 键，重复 2～3 次，仪器本身的零点即调好，可以开始测量。

3. 用参比液润洗一个比色皿，装样到比色皿的 3/4 处（必须确保光路通过被测样品中心），用吸水纸吸干比色皿外部所沾的液体，将比色皿的光面对准光路放入比色皿架，用同样的方法将所测样品装到其余的比色皿中并放入比色皿架中。

4. 将装有参比液的比色皿拉入光路，关上样品室盖，按 "A/T/C/F" 键，调到 "Abs"，按 "0A/100％" 键，屏幕显示 "0.000"，将其余测试样品一一拉入光路，记下测量数值即可（不可用力拉动拉杆）。

5. 浓度 c 的测量：选择开关由 "A" 旋至 "C"，将已标定浓度的样品放入光路，调节浓度旋钮，使得数字显示为标定值，将被测样品放入光路，即可读出被测样品的浓度值。

6. 如果大幅度改变测试波长时，在调整 "0" 和 "100％" 后稍等片刻（因光能量变化急剧，光电管受光后响应缓慢，需一段光响应平衡时间），当稳定后，重新调整"0"和"100％"即可工作。

7.测量完毕后，将比色皿清洗干净（最好用乙醇清洗），擦干，放回盒子，关上开关，拔下电源，罩上仪器罩。

四、注意事项

1.仪器使用前需开机预热 30min。

2.开关试样室盖时动作要轻缓。

3.不要在仪器上方倾倒测试样品，以免样品污染仪器表面或损坏仪器。

4.测定吸收曲线时，每更换一个波长，需要重新用参比溶液调节透光率为 100％。

5.拿比色皿时，用手捏住比色皿的毛面，切勿触及透光面，以免透光面被玷污或污损。

6.要使比色皿中测定溶液与原溶液的浓度保持一致，因此需要用该溶液润洗比色皿内壁 2～3 次，在测定一系列溶液的吸光度时，通常按由稀到浓的顺序进行以减小误差。

7.比色皿外壁的液体用擦镜纸或细软面的吸水纸吸干，以保护透光面。

8.清洗比色皿一般用水冲洗。如比色皿被有机物玷污，宜用盐酸-乙醇混合液 (1+2) 浸泡片刻，再用水冲洗。不能用碱液或强氧化性洗涤液清洗，也不能用毛刷刷洗，以免损伤比色皿。

9.被测液以倒至比色皿的约 2/3～3/4 高度处为宜。

4.2　KLT-1 库仑仪

用来测量待测溶液在电解反应过程中所消耗的电量并进行定量分析的仪器称为库仑分析仪。

一、原理

根据法拉第电解定律，在电极上生成或被消耗的某物质的质量 m 与通过该电解池的电量 Q 成正比，其数学表达式为：

$$m = \frac{MQ}{nF} = \frac{M}{n} \times \frac{it}{F}$$

式中，m 为电解时在电极上发生反应的物质的质量，g；M 为发生反应物质的相对原子质量或相对分子质量；Q 为电解时通过的电荷量，C；n 为电极反应中转移的电子数；i 为电解时的电流强度，A；t 为电解时间，s；F 为法拉第常数，96487 C·mol^{-1}。

电极上生成或消耗的物质的质量，既可通过在适当电解条件下，测得其相应电量 Q 值进行计算，也可通过电解过程中电极质量的增减直接称量。

库仑分析的基本要求是工作电极上只发生待测组分的单一电化学反应，也就是说电解的电流效率应达到 100％。

二、结构

KLT-1 库仑仪的结构如图 4-3 所示。

三、仪器操作方法

（1）开启电源前所有键全部释放，"工作、停止"开关置于"停止"位置，电解电流

4 常规仪器简介

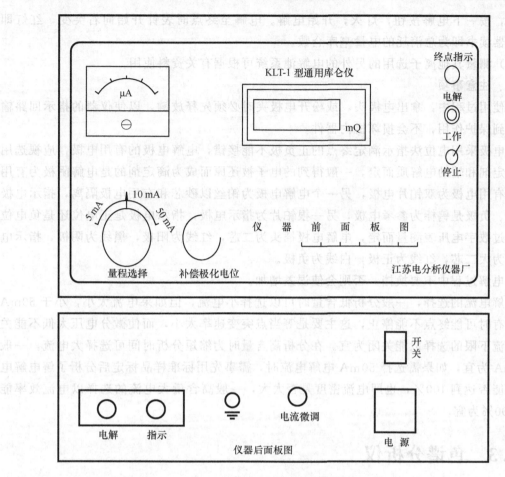

图 4-3 KLT-1 库仑仪的结构图

量程选择根据样品含量大小、样品量多少及分析精度选择合适的挡，电流微调放在最大位置。一般情况选 10mA 挡。

（2）开启电源的开关，预热 10min，根据样品分析需要及采用的滴定剂，选用指示电极电位法或指示电极电流法，把指示电极插头和电解电极插头插入机后相应插孔内，并夹在相应的电极上。把配好的电解液的电解杯放在搅拌器上，并开启搅拌，选择适当转速。

（3）若终点指示方式选择"电位下降"法，接好电解电极及指示电极线（此时电解阴极为有用电极，即中红二芯黑线接双铂片，红线接铂丝阴极，大二黑芯夹子夹钨棒参比电极，红夹子夹两指示铂片中的任意一根），并把插头插入主机的相应插孔。补偿电位预先调在"3"的位置，按下启动键，调节补偿电位器使指针指"40"左右，待指针稍稳定，将"工作、停止"置"工作"挡。（如原指示灯处于灭的状态）则此时开始电解计数。（如原指示灯是亮的）则按一下电解按钮，灯灭，开始电解，电解至终点时表针开始向左突变，红灯亮，仪器显示数即为所消耗的电量毫库仑数。

（4）终点指示方式选择"电流上升"法。把夹钨棒的夹子夹到两指示铂片中的另一根即可。其他接线不变。极化电位钟表电位器预先调"0.4"的位置，按下启动键，调节极化电位到所需的极化电位值，使 50μA 表头至"20"左右，松开极化电位键，等表头指针稍稳定，按一下电解按钮，灯灭，开始电解。电解至终点时表针开始向右突变，红灯即亮，仪器读书即为总消耗的电量毫库仑数。

(5) 测量其他离子选用的另外的电解池系统可根据有关资料使用。

四、注意事项

1. 使用过程中，拿出电极头，或松开电极夹时必须先释放键，以使仪器的指示回路输入端起到保护作用，不会损坏机内器件。

2. 电极采用电位法指示滴定终点的正负极不能接错，电解电极的有用电极，应视选用什么滴定剂和辅助电解质而定，一般得到的电子被还原而成为滴定剂的是电解阴极为有用电极，有用电极为双铂片电极，另一个电解电极为铂丝以砂芯和有用电极隔离，指示电极的正极、负极是钨棒为参考电极，另一根铂片为指示电极，指示电极是正电位还是负电位需要通过数字电压表测量而定，电解电极插头为二芯，红线为阳极，黑线为阴极，指示电极插头为大二芯，红线为正极，白线为负极。

3. 电解过程中不要换挡，否则会使误差增加。

电解电流的选择，一般分析低含量时可以选择小电流，但如果电流太小，小于 50mA 挡时，有时可能终点不能停止，这主要是等当点突变速率太小，而使微分电压太低不能关闭。电流下限的选择以能关闭为宜。在分析高含量时为缩短分析时间可选择大电流，一般以 10mA 为宜，如果需选 50mA 电解电流时，需事先用标准样品标定后分析了解电解电流效率能否达到 100%，也即电流密度是否太大，一般高含量大电流的选择以电流效率能满足 100% 为宜。

4.3 色谱分析仪

用来分离物质和检测、记录物质的色谱图，并进行定性、定量分析的仪器，称为色谱分析仪。通常分为气相色谱仪和液相色谱仪。

一、原理

当一混合物在流动相的携带下，流经色谱仪中的色谱柱时，与柱中的固定相发生作用（溶解、吸附、分配、交换等），由于混合物中各组分物理化学性质和结构上的差异，与固定相发生作用的大小、强度不同，在同一推动力的作用下，各组分在固定相滞留时间不同（或者说在流动相和固定相中的分配系数或吸收系数不同），从而使混合物中各组分按一定顺序从柱中流出，进入检测系统，由检测系统把各组分的浓度信号转变为电信号，然后用记录仪将组分的信号记录下来得到色谱图（亦称色谱流出峰），根据色谱图中的色谱峰位置即保留时间，对物质进行定性分析，利用峰高或峰面积进行定量分析，利用峰的位置和宽度来评价色谱柱的柱效和分离度。

用气体作流动相而设计的色谱分析仪，称为气相色谱仪；用液体作流动相而设计的色谱分析仪，称为液相色谱仪；而采用了高压输液泵、高效固定相和高灵敏度检测器等装置的液相色谱仪，称为高效液相色谱仪。以下将介绍气相色谱仪的结构及使用。

二、结构

气相色谱仪的基本结构如图 4-4 所示，通常包括气路系统、进样系统、分离系统、检测系统、记录与数据处理系统五部分。图中用Ⅰ～Ⅴ表示这五部分。

Ⅰ. 气路系统　为色谱分析提供纯净、连续的气流，仪器的气路由载气、氢气和空气组成，后两个气路仅在氢火焰检测器中使用，常使用的载气有 N_2、H_2、He 和 Ar 等。气体一般由高压钢瓶供给，钢瓶中的高压气体经过减压阀将压力降到所需要的压力，通过干燥器（内装硅胶、活性炭、分子筛等）除去气体中的油气、水分，再经过针形阀和稳压阀连续调节气体流量，使气体流量稳定，最后由转子流量计来测量柱前流速，由压力计表示柱前压力。

Ⅱ. 进样系统　包括进样器和汽化室。气体样品常用六通阀或 0.25～5mL 注射器进样。液体样品常用微量注射器进样，样品由针刺进样口中的硅橡胶密封垫注入汽化室，液体样品瞬间完全汽化，并被载气带入色谱柱。

Ⅲ. 分离系统　分离样品中各组分，由色谱柱完成。色谱柱是色谱仪的关键部分，色谱柱可分为填充柱和毛细管柱两大类。常用的填充柱柱管可由不锈钢、铜、玻璃和聚四氟乙烯制成，内径为 2～4 nm，长度为 1～10m，柱内填充粒度均匀的固定相——常用载体表面均匀涂渍固定液的固定相。

Ⅳ. 检测系统　把从色谱柱流出的各个组分的浓度（或质量）信号转换成电信号的装置，也是色谱仪的主要部件之一，应用最广泛的是热导检测器（TCD）和氢火焰检测器（FID）。

Ⅴ. 记录与数据处理系统　由检测器检测的信号经放大器放大后由记录仪显示，也可通过计算机进行记录和数据处理。

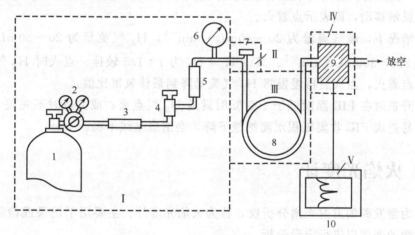

图 4-4　气相色谱仪的基本结构示意图

1—高压钢瓶；2—减压阀；3—净化器；4—气流调节阀；5—转子流量计；
6—压力表；7—进样器；8——色谱柱；9—检测器；10—记录仪

三、仪器操作方法

GC9800 气相色谱仪，以氢火焰作检测器时的使用方法如下。

1. 将载气（N_2）、燃气（H_2）和助燃气（Air 或 O_2）通过预先处理和密封好的净化管分别接入仪器后上方载气入口、氢气入口和空气入口接头。色谱柱接好，并保证良好的气密性。放大器信号输出与记录仪表相连接。

2. 启动时先按下色谱仪的总机电源开关，电机转动即对柱箱进行空气搅拌，随即打开温度控制的三路钮子开关并根据分析要求设置柱箱、汽化室和检测器的工作温度，柱箱温度必须低于色谱固定液最高使用温度,检测器温度必须高于 100 ℃。设置好即运行并数显实际温度。

3. 将灵敏度选择开关置于 $10^9\Omega$ 挡,在 FID 微电流放大器上,灵敏度选择开关尚有 1、2、3 挡分别对应 $10^8\Omega$、$10^9\Omega$、$10^{10}\Omega$ 挡,打开微电流放大器电源开关,旋动零位调节电位器,将记录笔调至零位附近,注意看未点火时微电流放大器的基线稳定性。记录仪量程可置于 5mV、2mV 或 1mV。

4. 旋动载气流量调节阀,将载气流量调至 $20\sim40\text{mL}\cdot\text{min}^{-1}$,旋动空气流量阀,将空气流量调至 $200\sim300\text{mL}\cdot\text{min}^{-1}$,(相当空气压力表指示在 $0.02\sim0.03\text{MPa}$),待 FID 检测器温度升到设定温度时,即可打开 H_2 气,并旋动 H_2 气调节到压力指示 0.08MPa 附近,就可用电子点火枪在 FID 检测器上面排出口处点火。

5. 点火后由于基始电流的作用记录笔就移向一端,再将 H_2 气流量降到 $0.02\sim0.03\text{MPa}$(相当于 $20\sim30\text{mL}\cdot\text{min}^{-1}$)。

6. FID 系统停机时,先将 H_2 气开关阀关闭,然后再关温度控制器降温,最后关载气和空气。

四、注意事项

1. FID 是否点着火的验证方法:①可用冷的金属件光亮表面(如不锈钢镊子)置于 FID 排出口,如果看到金属件表面有水汽,则表示点着火;②轻微转动 H_2 气流量调节阀,观察记录笔灵敏移动,则表示点着火。

2. 一般情况下,载气流量为 $20\sim40\text{mL}\cdot\text{min}^{-1}$,$H_2$ 气流量为 $20\sim30\text{mL}\cdot\text{min}^{-1}$,空气流量为 $200\sim300\text{mL}\cdot\text{min}^{-1}$。其中 $H_2:N_2$ 为 1:1.5 较佳。点火时 H_2 气流量可开大些,容易点着火,点火后再慢慢将 H_2 气流量降到最佳氢氮比值。

3. 如果开机时在 FID 温度低于 100 ℃ 时就通 H_2 气点火,或关机时不先关 H_2 熄火后降温,则容易造成 FID 收集极积水而绝缘下降,会造成基线不稳。

4.4 火焰光度计

以火焰为激发源的发射光谱分析仪,称为火焰光度计。主要用于记录或检测待测物质的原子发射线的强度以进行定量分析。

一、原理

当试样溶液以气溶胶形式引入火焰光源中,依靠火焰的热能将试样元素原子化,并激发出它们的特征原子光谱。由于火焰光源温度较低,激发出来的原子谱线也较简单。利用光电检测系统,即可测量出待测元素的原子所发射的特征光谱线的强度 I。谱线强度 I 与待测元素的浓度 c 之间的关系为:

$$I = ac^b$$

由于火焰激发光源较为稳定,式中 b 为一定常数,当浓度很低时,自吸现象可忽略,此时自吸系数 $b=1$,I 与 c 成正比例关系

$$I = ac$$

为此,便可采用标准曲线法或标准加入法,用火焰光度计测得谱线强度 I,进行定量分析。

二、结构

火焰光度计的结构如图 4-5 所示,图中助燃气以一定速度喷入体积较大的混合室,喷嘴附近由于节流效应造成负电压区,可以将试液沿毛细管吸入,然后被高速气流雾化。试液雾滴、助燃气和燃气在混合室充分混合后,进入燃烧器,颗粒较大的雾滴在混合室室壁上凝结,沿废液管排出。

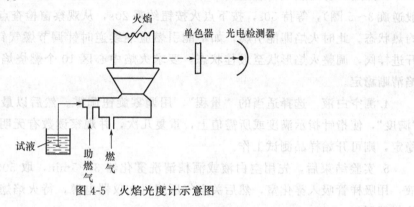

图 4-5 火焰光度计示意图

燃烧器是一个空心圆柱体,一般用不锈钢制成,其顶端用有均匀细孔的金属板覆盖。

如果单色器使用光栅或棱镜,其波长可以在一定范围内调节,这样的仪器叫做火焰分光光度计。如果单色器使用滤光片,则仪器较为简单,这一类仪器就叫做火焰光度计。图 4-6 为 6400A 火焰光度计主机外形图。

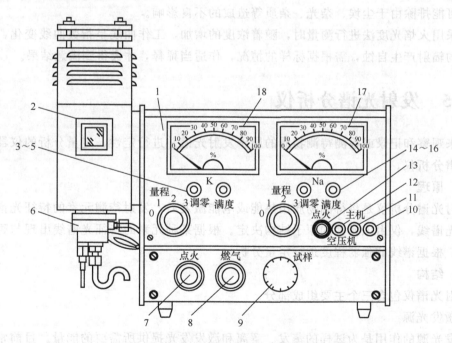

图 4-6 6400A 火焰光度计主机外形图
1—主机;2—燃烧室;3—K 调 100% 旋钮;4—K 调零旋钮;5—K 挡开关;6—进样雾化器;
7—点火阀;8—燃气阀;9—进样压力表;10—电源指示灯;11—主机开关;12—空压机开关;
13—点火按钮;14—Na 挡开关;15—Na 调零旋钮;16—Na 100% 旋钮;17—Na 表;18—K 表

三、仪器操作方法

6400A 型火焰光度计的使用方法如下。

1. 接通电源，灵敏度开关置"0"挡，调"内调"使 K 表和 Na 表均指为零。

2. 接通空气压缩机电源，使主机左侧的压力指示为 0.1MPa。

3. 点火。将助燃气针形阀顺时针旋到底，取下观察盖帽，逆时针调节燃气针形阀（一般逆旋 3～5 圈），等待 30s，按下点火按钮约需 20s，从观察窗检查点火线圈时应逐步达到灼热状态。此时火焰即能引燃，如不能引燃应继续逆时针调节燃气针形阀直至点燃为止。开进样阀，调整火焰形状至最佳状态，要求火焰中心区 10 个燃烧焰，周围一圈波浪形火焰清晰稳定。

4. 测空白液，选择适当的"量程"，用调零旋钮调零。然后以最浓的标准液进样，调"满度"，使指针指示满度或所需值上，重复几次，并观察读数有无明显漂移现象。如基本稳定，则可开始样品测试工作。

5. 实验结束后，先用空白液或酒精清洗雾化器 3～5min，取 500mL 的烧杯装满空白液，用吸样管吸入雾化室，然后关空气压缩机和仪器电源，待火焰熄灭冷却后，用防尘罩将仪器罩好。

四、注意事项

1. 火焰光度计的火焰受气压、流量、燃烧温度影响很大，室内空气中的尘埃、样品中的杂质、气路中的沉淀物等进入燃烧室，都会产生火焰无规则的跳动，这微小的变化，经电路放大，立即显示出来，因此应将仪器保持在室温、无强光、无振动、无尘埃的环境中，尽可能排除由于尘埃、杂光、杂质等造成的不良影响。

2. 采用火焰光度法进行测量时，随着浓度的增加，工作曲线呈指数曲线变化，这是由于样品的辐射产生自蚀，需根据标样的情况，作适当稀释，才会得到满意结果。

4.5 发射光谱分析仪

用来观察和记录或检测待测物质的原子发射光谱并进行定性、定量分析的仪器，称为发射光谱分析仪。

一、原理

发射光谱分析仪是将待测物质用热能或电能激发后，发射待测元素的特征光谱线，这种特征光谱线，仅由该元素的原子结构决定。根据某种元素的特征光谱线出现与否进行定性分析，根据谱线的强弱程度进行定量分析。

二、结构

发射光谱仪包含三个主要组成部分。

1. 激发光源

激发光源的作用是为试样的蒸发、解离和激发发光提供所需要的能量。目前常用的激发光源有直流电弧、交流电弧、高压火花和电感耦合等离子体、激光等，其中电感耦合等离子体（简称 ICP）光源，灵敏度高、干扰少、稳定性好、工作线性范围宽，是一种极具有发展前途的光源，应用将越来越广泛。

2. 分光系统

分光系统的作用是将试样中待测元素的激发态原子（或离子）所发射的特征光谱与光源及其他干扰谱线分离开，以便进行测量。

3. 检测系统

检测系统的作用是将原子的发射光谱记录下来或检测出来，以进行定性或定量分析。下面重点介绍等离子体发射光谱仪。

三、等离子体发射光谱仪及其使用方法

等离子体发射光谱仪（简称 ICP）是一种利用等离子体作激发光源的新型原子发射光谱仪。

1. ICP 装置及其工作原理

ICP 激发源通常由高频发生器感应线圈、等离子管炬、雾化器三部分组成。如图 4-7 所示。

等离子体一般指有相当电离程度的气体，它由离子、电子及未电离的中性粒子所组成，其正、负电荷密度几乎相等，从整体看呈中性，与一般气体不同，等离子体能导电。等离子管炬由三层同心石英管构成（外层管导入冷却氩气，防止烧坏石英管。中层管通入辅助气氩气维持等离子体。内层管由载气将雾化的试液引入等离子体），石英管外绕以高频感应线圈，以此将高频电能耦合到石英管内，用电火花引燃使引发管内的氩气放电形成等离子体。当达到足够的导电率时，即产生几百安培的感应电流，瞬间将气体加热到 9000～10000 K 的高温并在石英管内形成高温火球，当用氩气将火球吹出石英管口，即形成感应焰炬，试液被雾化器雾化后由载气从内层石英管引入等离子体内，被加热到极高的温度而激发成离子态。发射出的光由入射狭缝进入分光系统，在分光器中光栅将不同波长的光分开后送入检测器，检测器中的光电倍增管将光信号转变成电信号，经放大器放大后进行计算机数据处理，计算机屏幕显示并绘制工作曲线，计算试样分析结果，在打印机上打印出检测结果。

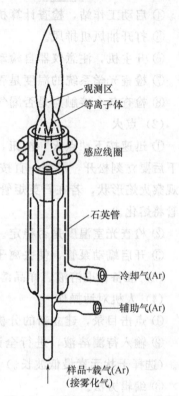

图 4-7 电感耦合等离子体激发源

电感耦合等离子体原子发射光谱仪（简称 ICP-AES）。它的结构虽然较复杂，但主要由以下部分组成：

2. ICP 的使用方法

(1) 等离子炬点火前的调整

① 检查该装置上的门是否都关闭。

② 开主机前先通氩气 40min，以排除矩管内空气。接通（雾化样品及保护石英管的）氩气。

③ 启动动力开关，合上高频发生器上的开关，接通电源。开稳压电源，预热 2min（停电后必须 10min 后才能够再开）。

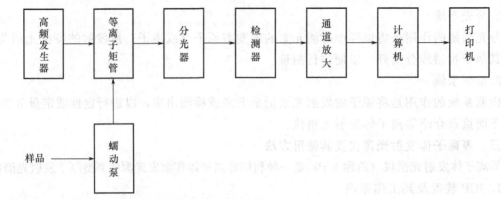

④ 启动工作站，检查计算机能否正常操作。

⑤ 打开抽风机排风。

⑥ 开主机，注意仪器自检动作。

⑦ 检查光学系统的温度是否稳定。

⑧ 检查各个接触点是否漏气。

(2) 点火

① 迅速按下"点火"按钮，点燃等离子体光源，呈现绿色火炬，稳定 15min。（注意：按下后要立刻松开，不要一直按下不放，若一次没有引燃可再按一次。在引燃的同时要注意观察火焰形状，若在石英炬管上出现畸形橙色火焰必须立即按按钮熄灭火焰，否则石英炬管将熔化。）

② 检查光室温度是否稳定。

③ 开启蠕动泵管，使去离子水进入矩管。

(3) 准备标准溶液、样品溶液、空白溶液。

(4) 人机对话操作

① 点击目录，建立新的分析方法。（由元素周期表选择元素、谱线。）

② 输入待测溶液，进行全谱图的拍摄，选择光源（紫外光或可见光），并且校正波长。（选择干扰元素最低波长。）

③ 编辑方法。

④ 确定标准溶液的元素及其浓度。

⑤ 开打印机开关。

(5) 输入高、低不同浓度标准溶液

① 将高浓度标准溶液（多元素混合液）用蠕动泵管送入矩管后，按下计算机上的相应按钮。

② 将低浓度标准溶液用蠕动泵送入矩管后，按下相应按钮。

(6) 输入待测样品 用蠕动泵把样品送入矩管后，在计算机上按下相应按钮。数秒后就可打印出样品中各元素的浓度。若有多个待测样品则可重复这步。

(7) 关机

① 将进样管浸入去离子水中（至少 10min），冲洗进样系统。

② 关闭高频发生器开关。

③ 关蠕动泵。

④ 继续通入氩气 40~60min。

(8) 进行数据处理，打印。

(9) 关计算机电源。

(10) 关总电闸。

(11) 关闭氩气、冷却水。

(12) 检查水、电、气开关是否全部关好。

4.6 紫外-可见分光光度计

用于测量和记录待测物质对紫外光、可见光的吸光度及紫外-可见吸收光谱，并进行定性、定量以及结构分析的仪器，称为紫外-可见分光光度计。

一、原理

当一束连续的紫外-可见光照射待测物质的溶液时，若某一定频率（或波长）的光所具有的能量恰好与分子中的价电子的能级差 $\Delta E_电$ 相适应（$\Delta E_电 = E_2 - E_1 = h\gamma$）时，则该频率（波长）的光被物质选择性地吸收，价电子的基态跃迁到激发态（同时不可避免地伴随有振动和转动能级跃迁）。紫外-可见分光光度计就是将物质对紫外-可见光的吸收情况以波长 λ 为横坐标，以吸光度 A 为纵坐标，绘制 A-λ 曲线，即紫外-可见吸收光谱（紫外可见吸收曲线）。

紫外-可见吸收光谱的吸收峰形状、位置、个数和强度，取决于分子的结构。物质不同，分子结构不同，紫外-可见吸收光谱就不同。因此，物质对紫外-可见光的吸收服从朗伯-比尔（Lambert-beer）定律，即式

$$A = KcL$$

为此，当用一适当波长的单色光照射吸光物质的溶液时，其吸光度 A 与溶液的浓度 c 和光程 L 的乘积成正比，这就是其进行定量分析的依据。

二、结构

目前紫外-可见分光光度计主要有两大类：一类为自动扫描型，该类仪器一般由微电脑控制，功能较多、档次高。它能自动扫描测定光谱吸收曲线，如岛津 UV-3000 型和 UV-265 型。另一类是非自动扫描型，该类仪器，通过手动方式变化波长，一般用于固定波长下的物质吸光度的测定，功能较少。

紫外-可见分光光度计虽然种类、型号各不相同，但都包括光源、分光系统、样品池、检测器以及记录和读数装置。波长范围通常为 200~800 nm 之间，用钨灯及氘（氢）灯提供可见光及紫外光。对于自动扫描型仪器，通过微机控制电动机并带动棱镜或光栅转动角度，以不断改变入射单色光波长，而且具有自动切换光源的功能。其中双光束仪器能使该入射光快速地交替照射参比及样品，从而瞬时得到样品相对于参比的吸收信号，自动作出光谱曲线，该类仪器有较高的稳定性。而单光束扫描型仪器，首先对参比进行一定波长范围的扫描，然后对样品进行扫描，内部微处理机自动将样品信号扣除了参比信号，也能得到相对吸收信号，但该类仪器的稳定性较差。而对于非自动扫描型分光光度计，则只能通过手动方式转动光栅或棱镜，得到不同波长的单色光，所以较适合于测定组分在一定波长

下的吸光度。图 4-8 为双光束紫外-可见分光光度计的光路图。

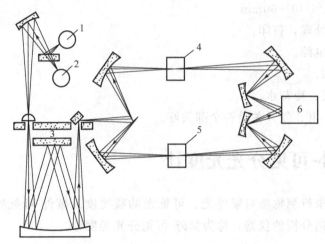

图 4-8 双光束紫外-可见分光光度计的光路图
1—钨灯；2—氘灯；3—光栅；4—参比池；5—样品池；6—光电倍增器

三、仪器操作方法

对于 UV-2000 型紫外-可见分光光度计操作如下：

1. 连接仪器电源线，确保仪器供电电源有良好的接地性能。
2. 接通电源，使仪器预热 20min。
3. 用"MODE"键设置测试方式为透射比（T）方式。
4. 用波长选择旋钮设置所需用的分析波长。
5. 将参比样品溶液和被测样品溶液分别倒入比色皿中，打开样品室盖，将盛有溶液的比色皿分别插入比色皿槽中，盖上样品室盖。
6. 将"%T"校具（黑体）置入光路中，在 T 方式下按"0%"键，此时显示器显示"—000.0"。
7. 将参比样品推（拉）入光路中，按"100%"键，此时显示器显示"BLA"，直至显示"100.0"为止。
8. 按"MODE"键，设置测试方式为吸光度（A）方式，此时显示器显示"—0.000"。
9. 将被测样品推（拉）入光路，从显示器上直接读取吸光度值。

四、注意事项

1. 样品池的选择必须根据测试的波长范围而选定。在可见光区分析可以选用玻璃样品池，而在紫外区分析时，必须使用石英样品池。样品池的种类可根据刻在样品池上面的字母来辨认，"G"表示玻璃，"S"表示石英。
2. 样品池必须垂直放置于光路中，如果倾斜会造成测试误差。

4.7 原子吸收分光光度计

用于测量和记录待测物质在一定条件下形成的基态原子蒸气对其特征光谱线的吸收程

度,并进行定量分析的仪器,称为原子吸收分光光度计。

一、原理

当光辐射通过待测物质的基态原子蒸气时,如果某一频率(或波长)的光辐射具有的能量($h\gamma$)恰好等于原子的电子由基态跃迁到激发态所需要的能量(即 $\Delta E_电 = h\gamma = \dfrac{hc}{\lambda}$)时,基态原子就可能吸收光辐射,获得能量而跃迁到激发态,产生原子吸收。

不同种类的原子,其电子基态与激发态的能量差不同,因而跃迁时吸收的光辐射波长也不同,即吸收各自相应的特征原子谱线,而且原子吸收线的宽度很窄($\Delta\lambda$ 只有 2×10^{-3} nm 左右)。一般条件下,无法测得积分吸收(即整个吸收曲线所包含的面积),所以,原子吸收光度计都有一个能发射(待测原子吸收的)共振线的锐线光源,这样就可以用峰值吸收代替积分吸收,实现原子吸收强度的测量。

在实验条件一定时,原子吸收分光光度计测得的吸光度 A 与待测元素浓度 c 呈线性关系,因此,可采用标准曲线法、标准加入法、双标准比较法等方法进行定量分析。

二、结构

原子吸收分光光度计由锐线光源、原子化器、分光系统和检测与记录系统等部分组成。

1. 锐线光源

发射待测元素吸收的共振线。如空心阴极灯、无极放电灯等。

2. 原子化器

将试样中的待测元素转化为基态原子,以便对光源发射的特征谱线产生吸收。

3. 分光系统

将待测元素的分析线与其他干扰谱线分开,使检测器只接收分析线。

4. 检测与记录系统

将分光系统分出来的待测元素分析线的微弱光能转换成电信号,经过适当放大后显示并记录下来。

原子吸收分光光度计有单光束和双光束两种类型。单光束仪器具有装置简单、价格较低、共振线在外光路损失较少的特点。由于现代电子科学的发展,以前困扰人们的零漂(因光源强度变化而导致的基线漂移)问题也逐渐得到解决,因而单光束仪器应用较为广泛。双光束不通过原子化器中的样品基态原子,检测器测定的是此两光束的强度比,故光源的任何漂移都可由参比光束的同步变化而得到补偿。

三、仪器操作方法

TAS-986 原子吸收分光光度计(火焰法)使用方法:

启动 AAWin 软件,将会看到一个标题画面,如果通信线路畅通的话,标题画面会很快消失。如果通信线路没有接通,则经过几秒钟,系统会弹出信息,提示查看线路,当认定连接线路无误后,单击"重试"按钮,标题画面会很快消失,表示已经与仪器连接。也可以单击"取消"按钮,则会脱机进入系统。

1. 选择运行模式

当软件与仪器连接成功后,将弹出运行模式选择对话框,可以在"选择运行模式"下拉框中选择软件的运行模式。如果需要退出系统,可单击"退出"按钮,如图 4-9 所示。

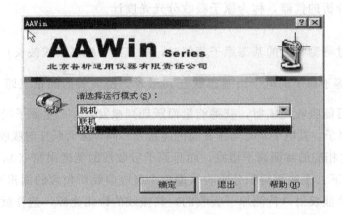

图 4-9　选择运行模式界面

可供选择的模式如下。

（1）联机　当需要联机运行时，可选择"联机"，此时单击"确定"按钮，系统立刻会转到初始化状态，将仪器的所有参数进行初始化。

（2）脱机　如果需要脱机进入系统，可选择"脱机"，单击"确定"按钮，系统便会以脱机的形式进入。在脱机状态下，则无法对仪器进行操作。

2. 初始化

若选择了联机运行模式，系统将对仪器进行初始化。初始化主要是对氘灯电机、元素灯电机、原子化器电机、燃烧头电机、光谱带宽电机以及波长电机进行初始化。初始化成功的项目将标记为"√"，否则标记为"×"。如果有一项失败，系统则认为初始化的整个过程失败，会在初始化完成后提示是否继续，回答"是"则继续往下进行，回答"否"则退出系统。注意，此提示只在选择联机时才会出现，当使用菜单【应用】/【初始化】功能时，此提示将不会出现。如图 4-10 所示。

图 4-10　初始化界面

3. 元素灯的设置

按照说明书装上元素灯，在对应位置选择对应符号，点击图 4-11 的 3 号，便出现图 4-12 对话框，选择元素铜。

4 常规仪器简介

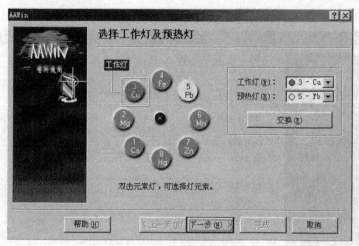

图 4-11 选择工作灯及预热灯

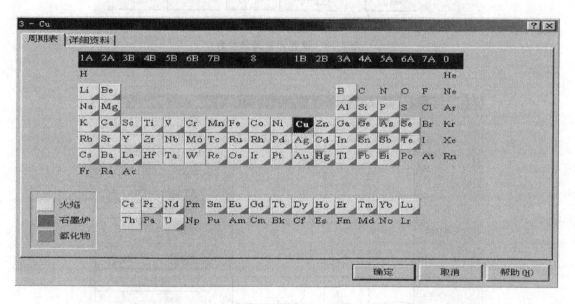

图 4-12 元素灯的设置

4．选择工作灯及预热灯

图 4-11 上是选择铜为元素灯、铅作为预热灯（即测完铜后，点击"交换"就可测铅）。

点击下一步；出现如图 4-13 所示的对话框。要对燃烧器高度、燃烧器位置选择好，直到光斑位置在狭缝中心为止。

再下一步，如图 4-14 所示。

再点击"寻峰"，如图 4-15 所示。

点击"下一步"，再点击"完成"，即完成元素灯的设置。

5．能量调试

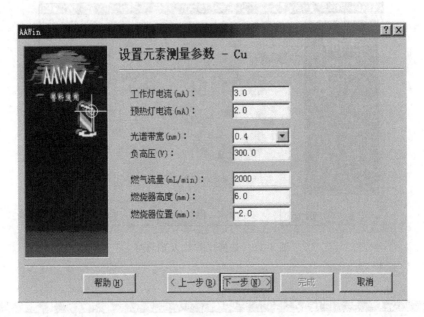

图 4-13 设置元素测量参数

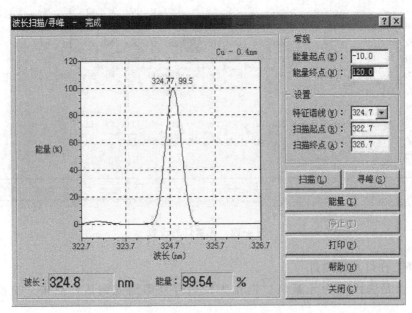

图 4-14 波长扫描/寻峰界面

当需要查看仪器当前能量状态或需要对能量进行调整时，可依次选择主菜单的【应用】/【能量调试】，或单击工具栏上的"　"按钮，即可打开能量调整对话框，如图 4-16 所示。

一般选择"自动能量平衡"平衡后即自动关闭（注意：在实际测量过程中，如果没有特殊的情况，请尽量不要使用"高级调试"功能，以免将仪器的参数调乱，从而影响测量）。

4 常规仪器简介

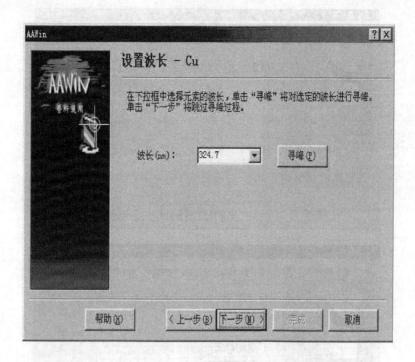

图 4-15 波长设置界面

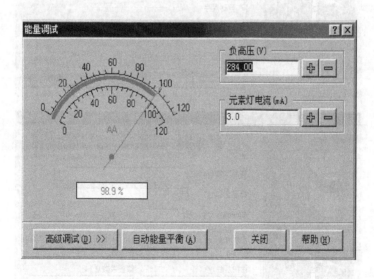

图 4-16 能量调试界面

6. 设置测量参数

在准备测量之前，需要对测量参数进行设置。依次选择主菜单【设置】/【测量参数】或单击工具按钮"🔧"，即可打开测量参数设置对话框。按照图上说明，依次出现如图 4-17 所示对话框。

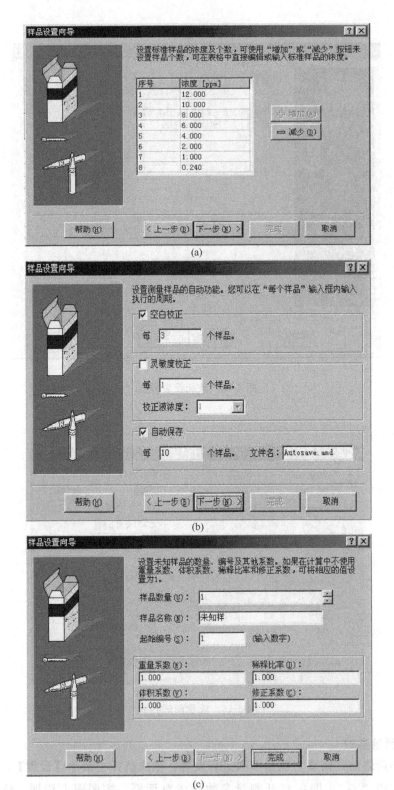

图 4-17 样品设置向导界面

按照图 4-18 上的文字说明操作。点击"显示"如图 4-19 所示。

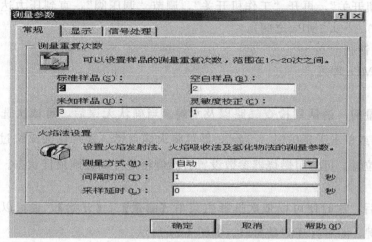

图 4-18　测量参数设置界面

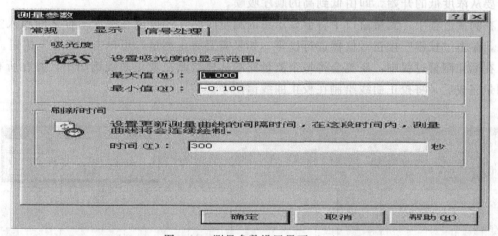

图 4-19　测量参数设置界面（一）

点击"信号处理"；如图 4-20 所示。

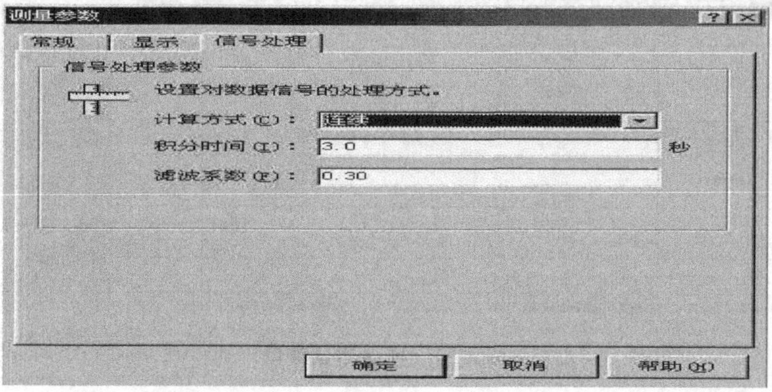

图 4-20　测量参数设置界面（二）

7. 开空压机

先开"风机开关",再开"工作机开关",调节"调压阀",直到压力达到自己需要的为止（一般在 0.2~0.3MPa 之间）。

8. 开乙炔钢瓶

达到 0.05MPa 即可。

9. 点火

在进入测量前,请认真检查气路以及水封。当确认无误后,可依次选择主菜单【应用】/【点火】或单击工具按钮" ![] ",即可将火焰点燃。如果认为火焰过大、过小或火焰不在合理的位置,可使用燃烧器参数设置将燃烧器条件调整到最佳状态。

10. 测量

调好火焰后,这时便可以依次选择主菜单【测量】/【开始】,也可以单击工具按钮" ![] "或按 F5 键,即可打开测量窗口。如图 4-21 所示。

开始测量时,要先吸喷空白样"校零",待稳定后,点击"开始";在测量标准样品时,要从浓度低的开始,即由低到高的顺序吸喷。

在测量过程中,测量窗口中将会显示总的测量时间,还可以在每次采样之间喷入空白样品,单击"校零"按钮对仪器进行校零。如果需要终止测量,可单击"终止"按钮。

在标样测量过程中,系统会将每个测量完的标样绘制在校正曲线谱图中,并在所有标样测量完成后,将校正曲线绘制在校正曲线谱图中。

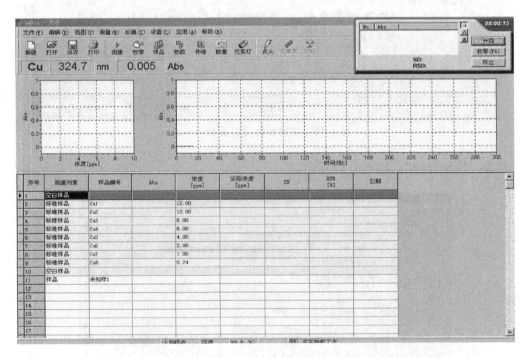

图 4-21 样品测量窗口

接下来,可以对未知样品进行测量,测量结果同样会被自动填充到测量表格中。当完成了全部样品的测量,可以将测量窗口关闭。如果需要将测量结果保存为文件,可依次选择主菜单【文件】/【保存】或单击工具按钮"🔚"即可。

11. 重新测量

重新测量功能是对已经测量过的样品进行重新测量,也就是对最终结果进行重新测量。当完成了全部样品测量时,发现有的测量结果不符合要求,可使用鼠标在测量表格中选中此样品,然后依次选择主菜单"测量"/"重新测量"或用鼠标右键单击测量表格,并在弹出菜单中选择"重新测量",即可对此样品进行重新测量。在测量结束后,如果最终结果还是不能满足要求,可以不用关闭测量窗口,然后继续按"开始"按钮,即可再次对此样品进行重新测量,直到满意为止。如果重新测量的结果达到了要求,可单击"终止"按钮关闭测量窗口,然后再单击工具按钮"▶"继续对其他样品进行测量。如果对标准样品进行重新测量,那么,校正曲线会被重新计算并重新拟合。钙的标准曲线如图 4-22 所示。

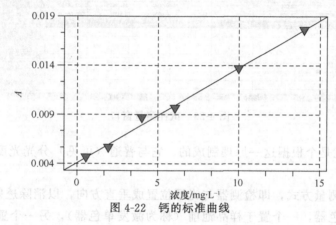

图 4-22 钙的标准曲线

12. 样品测量

可依次选择主菜单【设置】/【测量方法】,即可打开测量方法设置对话框。把待测样放在小烧杯中,即可测量。如图 4-23 所示。

13. 测量完毕,依次用 1% 硝酸溶液和去离子水各喷雾 5min。先关乙炔,再关空气,仪器自己熄灭。

四、注意事项

1. 点火时,排风装置必须打开,且操作人员应位于仪器正面执行点火操作。
2. 为了防止乙炔钢瓶总开关泄漏,所有工作结束后,应再次确认乙炔总压力表指针归零。

4.8 荧光光度计

用于测量荧光物质的荧光光谱或荧光强度的仪器叫做荧光分析仪。荧光分析仪通常分为荧光光度计和荧光分光光度计两大类。

一、原理

荧光物质受光辐射激发发光,其荧光的激发光谱和发射光谱取决于各物质的分子结构,其荧光强度取决于物质的浓度(或含量),故可进行定性和定量分析。

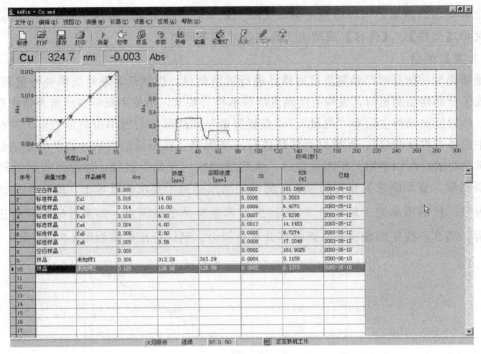

图 4-23 试样测量窗口

荧光光度计就是个根据这一原理制成的。它与普通（可见）分光光度计比较，主要有两个区别：

① 采用垂直测量方式，即检测器与光源位置成垂直方向，以消除透射光的影响。

② 有两个单色器，一个置于样品池前（称为激发单色器），另一个置于样品池与检测器之间（称为发射单色器）。通过调整和控制两个单色器的波长（分别为激发光波长和荧光发射波长）可以绘制荧光的激发光谱和发射光谱。因此，不仅可以鉴别荧光物质而且可以选择最佳激发光（波长）和最佳的测定荧光（波长）并消除其他杂散光的干扰。

二、结构

荧光分析仪的基本结构如图 4-24 所示，通常由光源、单色器、样品池、狭缝、光电倍增管（PMT）等主要构件组成。

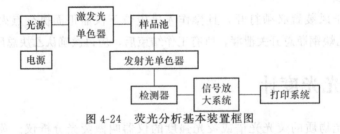

图 4-24 荧光分析基本装置框图

1. 光源

常用的光源是氙弧灯或高压汞灯。氙弧灯可发射 250～800 nm 很强的连续光谱，灯的寿命大约为 2000h。高压汞灯常常利用其发射的 365nm、405nm、436nm 谱线作激发光，灯的寿命为 1500～3000h。

2. 单色器

荧光计常用滤光片为单色器，由一块滤光片从光源发射的光中分离出所需的激发光，用一块滤光片滤去杂散光和杂质所发射的荧光。荧光计能用于荧光强度的定量测定，不能用于测定激发光谱和荧光光谱。荧光分光光度计大多采用光栅作为单色器，它具有较高的灵敏度、较宽的波长扫描，能扫描激发光谱和荧光光谱。

3. 样品池

样品池常常称为液池，通常是石英方形池，四个面都是光学面。使用时应拿样品池的棱。

4. 狭缝

狭缝越小，仪器的单色性越好，但光强相应降低，测定的灵敏度也相应降低。当入射狭缝和出射狭缝的宽度相等时，单色器射出的单色光有75%的能量是辐射在有效的带宽内。此时，既有好的分辨率，又保证了光通量。

5. 检测器

荧光分光光度计采用光电倍增管（PMT）作为检测器，施加于PMT光阴极的电压越高，其放大倍数越大，且电压每改变1V，放大倍数会波动3%。所以，要获得良好的线性响应，PMT的高压源要很稳定。

6. 读出装置

读出装置可以用数字电压表、记录仪或阴极示波器。数字电压表价格便宜，用于定量分析有准确、方便的特点。记录仪可用于扫描光谱，记录笔的响应时间通常为 0.1～0.5s，而阴极示波器的显示速度比记录仪还要快。

三、仪器操作方法

960 荧光分光光度计的使用方法如下。

1. 开机。先开灯电源开关，后开主机电源开关。
2. 按"GOTO"键，指示灯亮，选定波长值，按"ENTER"键，寻到所需的波长，指示灯暗。
3. 按"SENS"键，指示灯亮，输入灵敏度值，按"ENTER"键，指示灯暗。
4. 按"Y SCALE"键，指示灯亮，输入纵轴值，按"ENTER"键，指示灯暗。
5. 按"SHUT"键，指示灯亮，放入样品，关样品室门，显示荧光值。
6. 关机。先关主机电源开关，后关灯电源开关。

四、注意事项

如果荧光显示值偏小或无，可重新设置"SENS"（灵敏度）及"Y SCALE"（纵轴放大倍数）值。

4.9 化学发光分析仪

用来测量待测物质进行化学发光反应时所发射的化学发光强度并进行定量分析的仪器称为化学发光分析仪。

一、原理

如果某一待测物质（反应物、产物或其他能量接受体），能够吸收化学反应所产生的能量后处于电子激发态，当它以辐射跃迁方式回到基态时，就会产生光辐射，称为化学发光。在一定条件下，化学发光强度 I_{CL} 与待测物质浓度 c 之间有下列关系：

$$I_{CL}(t) = \varphi_{CL}(dc/dt)$$

式中，$I_{CL}(t)$ 为 t 时刻的化学发光强度；φ_{CL} 为与待测物有关的化学发光效率；dc/dt 为待测物参加反应的速率。

当参加反应的发光试剂的浓度比待测物大得多时，其浓度可认为是一常数，化学发光反应可视为准一级反应，t 时刻放热化学发光强度 $I_{CL}(t)$ 与该时刻的待测物浓度成正比。此时就可以通过测量化学发光强度来进行定量分析。

化学发光分析法具有灵敏度高、线性范围宽、设备简单、操作方便、成本低廉、分析速度快且易于实现自动化等显著优点，因此，近20年来得到了迅速发展，已广泛应用于环境监测、生化产品分析、临床检验、药物分析、免疫分析、矿物分析和农林科研等领域，是一种很有发展前景的现代痕量分析技术。

目前，市售的化学发光分析仪大致可分为气相、液相和专用分析仪三种类型。根据进样方式的不同，液相化学发光仪又可以分为立取样式和流动注射式，流动注射液相化学发光仪虽然测定的精密度和自动化程度高，但分析过程中消耗的试剂量较大。

二、结构

现以西安无线电八厂 YHF-1 型分立取样式液相化学发光仪为例予以介绍，其结构方块示意如图 4-25 所示。

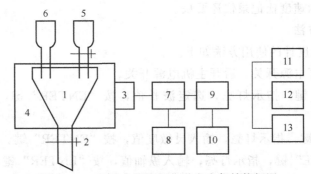

图 4-25　YHF-1 型液相化学发光仪结构框图
1—发光反应池；2—废液排放活塞；3—透光窗口；4—暗室；5—试液贮管；
6—试剂加入管；7—光电倍增管；8—负高压电源；9—信号放大系统；
10—电源：+15V，-15V，-20V，-24V；11—表头；12—数字显示；13—记录仪

仪器的前视图及各部件功能如图 4-26 所示。

反应池系统：包括反应池、暗室、进样系统和废液排放管。反应池的容积为 6mL。

复位：数显显示信号后，按一下"复位"即可消除数显信号，恢复至零。

调零：数显和表头指示不为零时，一边按"复位"，一边旋调零按钮，可将数显（或表头）调至零。

连续指示键：按下该键，测量发光信号时，数显和表头指针同步指示信号值。

高压指示键：按下该键，打开负高压开关，绿指示灯亮，可用高压调节旋钮调节加到光电倍增管上的负高压至预定值（微安表头的 $1\mu A$ 代表 $-20V$）。

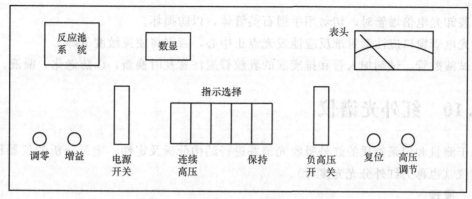

图 4-26 仪器的前视图及各部件功能图

保持指示键：按"保持"键，表头自动保持信号，便于记录。按动"复位"后，可消除信号。

增益：增益选择可调节信号测定灵敏度，共分三挡，通常放在中挡使用。

YHF-1 型液相化学发光仪是在静态下测量化学发光信号的仪器，利用吸量管加入试剂和试液，具有结构简单、操作方便、线性范围宽、灵敏度高的特点。它与记录仪联合使用可以记录化学发光反应全过程中化学发光强度的变化，如果加上光学分辨，可以进行反应动力学方面的研究。

该仪器由于人工加样，分析速度慢且重现性易受人为因素影响，精密度稍差。但是，如果细心操作，多次平行测定的相对平均偏差（RSD）仍可小于 5%。它的另一特点是节省试剂及试液，测定成本低。

三、使用方法

1. 仪器在通电前，指示选择键应全部释放。
2. 插上电源（220V），打开电源开关，红指示灯亮，预热 30min。增益选择中挡。
3. 按下"连续"键，用"调零"按钮调节数显和表头为零。
4. 按下"高压"键，打开高压电源，绿指示灯亮，用高压调节旋钮调节表头指针位于预定的负高压值（$1\mu A$ 相当于 $-20V$），一般在不超过 $-500V$ 范围内使用，以增加光电倍增管的寿命。此时，按下"复位"，如果数显不为零，应重新调零。
5. 将废液管的活塞或夹子打开，放净反应池中可能存在的蒸馏水或废液，重新夹好。
6. 将试液贮管的活塞关闭后，准确加入一定量体积的试液，由试剂加入管顺序加入一定量的试剂，稍停（约10s），快速均匀地打开试液贮管活塞，由数显或记录仪读取相对发光强度的峰值，记录，完成一次测定。
7. 重复 5、6 步操作，对同一溶液可进行多次平行测定。
8. 测定完毕，打开废液管活塞和试液贮管活塞，用蒸馏水洗净试剂管、试液管及反应池，关闭记录仪，负高压调至表头为零后，关闭负高压电源，将指示选择各键放开，关闭电源，罩上仪器罩。

四、注意事项

1. 打开暗室时，必须将"高压调节"反时针旋转到底，防止自然光过强而损坏光电倍增管。

2. 装卸光电倍增管时，切勿用手握石英管体，以防损坏。
3. 光电管窗口应注意对准反应池发光点正中心，否则将使灵敏度下降。
4. 试液贮管、试剂加入管和排废液的乳胶管应注意及时换新，以防老化、漏液。

4.10 红外光谱仪

用于测量和记录物质的红外吸收光谱并进行结构分析及定性、定量分析的仪器称为红外光谱仪（也称为红外分光光度计）。

一、原理

当一束连续的红外光照射待测物质时，若一定波长（或波数）的红外光所具有的能量恰好与物质中的振动能级差（$\Delta E_振$）相适应（即 $\Delta E_振 = hf$）时，则该波长（或波数）的光被该物质选择性地吸收，由振动能级基态跃迁到激发态（同时不可避免地伴随有转动能级的跃迁）。红外光谱仪就是将待测物质对红外光的吸收情况，以波数 σ（或波长 λ）为横坐标，以透光度 T 为纵坐标，记录并绘制出 T-σ（或 λ）曲线，即红外吸收光谱或红外吸收曲线。

红外吸收光谱的吸收峰形状、位置和强度，取决于物质的分子结构。物质不同，分子结构不同，红外吸收光谱就不同。因此，红外吸收光谱主要用于结构分析和定性分析。同时，由于物质对红外光的吸收服从朗伯-比尔定律，故红外吸收光谱也可用于定量分析（但由于灵敏度低，不适用于微量组分的测定）。

二、结构

红外光谱仪有以棱镜为色散元件的棱镜分光红外光谱仪，称为第一代红外光谱仪；有以光栅为色散元件的光栅分光红外光谱仪，称为第二代红外光谱仪。随着近代科学技术的迅速发展，以色散元件为主要分光系统的光谱仪器在许多方面已不能完全满足需要，例如这种类型的仪器在远红外区能量很弱，得不到理想的光谱，同时它的扫描速度太慢，使得一些动态研究及和其他仪器（如色谱）的联用遇到困难。随着光学、电子学尤其是计算机科学的迅速发展，已发展为干涉分光傅里叶变换红外光谱仪，也称第三代红外光谱仪。

目前虽然已进入干涉分光傅里叶变换红外光谱仪器时代，但还有大量光栅仪器仍在使用之中，常用的光栅红外光谱仪多为光栅双光束红外分光光度计，由光源、吸收池、单色器、检测器、放大器以及机械装置、记录器组成。各组成部分之间的排列如图 4-27 所示。下面简单介绍红外分光光度计的主要部件。

1. 光源

常用的光源有能斯特灯（Nernst-glower）和硅碳棒两种，它们都能发射高强度连续波长的红外光。能斯特灯的中空棒或实心棒（$\phi 1 \sim 3mm$，$L 2 \sim 5cm$），由锆、钇、铈等氧化物的混合物烧结而成，两端绕有铂丝以及电极，加热至 800℃ 时变成导体开始发光，因此工作前必须预热。硅碳棒寿命长，发光面积大，室温下为导体，不需加热。

2. 吸收池

由于玻璃、石英对红外光谱几乎全部吸收，因此吸收池窗口的材料一般是一些盐类的

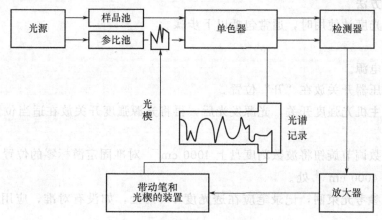

图 4-27 光栅型双光束红外光谱仪框图

单晶，如 NaCl、KBr、LiF，但它们易吸湿引起吸收池的窗口模糊，需在特定的恒湿环境中工作。

3. 单色器

单色器由光栅、准直镜和狭缝（入射狭缝和出射狭缝）组成，它的作用是把通过样品池和参比池而进入入射狭缝的复合光分成"单色光"射到检测器上。

光栅是一平行、等宽而又等间隔的多线槽反射镜。一般的红外光谱仪使用的衍射光栅，每厘米长度内约有一千条以上的等距线槽。光栅刻得愈密，其色散能力愈强。

4. 检测器

红外光谱仪上使用的检测器的检测原理是利用照射在它上面的红外光产生热效应，再转变成电信号加以测量。常用的检测器有真空热电偶、热电热量计、高莱槽等。

5. 放大器、机械装置及记录器

检测器输出微小的电信号，需经电子放大器放大。放大后的信号驱动梳状光楔和电动机，使记录笔在长条记录纸上移动。

20 世纪 90 年代，我国高校实验室内已开始使用傅里叶变换红外光谱仪（FTIR）。它主要由迈克尔逊干涉仪和计算机两部分组成。干涉仪将光源来的信号以干涉图的形式送往计算机进行傅里叶变换的数学处理，最后将干涉图还原成光谱图。

与普通红外光谱分析方法相比，傅里叶变换红外光谱显微分析技术作为显微样品和显微区分析，有以下特点：

（1）灵敏度高，检测限可达 10 ng，几纳克样品能获得很好的红外光谱图。

（2）能进行微区分析。目前，傅里叶变换红外光谱所配显微镜测量孔径可达 $8\mu m$ 或更小。在显微镜观察下，可方便地根据需要选择不同部位进行分析。

（3）样品制备简单，只需把待测样品放在显微镜样品台下，就可以进行红外光谱分析。对于体积较大或不透光样品，可在显微镜样品上选择待分析部位，直接测定反射光谱。

（4）在分析过程中，能保证样品原有形态和晶型。测量后的样品，不需要重处理，可直接用于其他分析。

三、使用方法

红外分光光度计使用时，通常包括以下步骤。

1. 开机

（1）接通电源。

（2）将稳压器开关放在"开"位置。

（3）打开主机光强度开关，光源发光后，再将光源强度开关放在适当位置。然后打开主机电源开关。

（4）用波数调节旋钮将波数刻度盘上 4000 cm^{-1} 对准固定游标零的位置，此时记录笔应对准记录纸 4000 cm^{-1} 处。

（5）打开参考光束闸，记录笔应在透光度 100% 处，如没有对准，应用 100% 控制按钮调节。

2. 测定

打开样品光束闸，插入待测样品。将笔按钮放入"自动"位置，将波数扫描开关放在"开"的位置。测量开始，记录仪开始扫描，并绘图。

3. 关机

测量完毕后，波数扫描开关自动停止，记录笔自动提升。

（1）撕下记录纸。

（2）先关闭样品光束闸，再关闭参考光束闸。

（3）先关主机电源开关，再旋转光强度开关到"关"位置。

（4）关闭稳压器开关。

（5）拉掉电闸，切断电源。

（IR-408 型红外分光光度计的使用方法大致同上）。

4.11 核磁共振波谱仪

用来检测和记录在磁场中的待测自旋原子核，吸收无线电波而形成的核磁共振吸收波谱，并进行结构及其他分析的仪器，称为核磁共振波谱仪（NMR）。

一、原理

待测的自旋原子核在外磁场的作用下，自旋能级发生分裂，其能级间的能量差 ΔE 取决于外磁场感应强度 B_0，即

$$\Delta E = \frac{\gamma h B_0}{2\pi}$$

式中，h 为普朗克常数；γ 为旋磁比，一定的原子核具有一定的旋磁比，如 ^1H 核的 γ 值为 2.6753×10^8 rad·s^{-1}·T^{-1}。

当以一定频率的无线电波照射外磁场 B_0 中的自旋原子核（如 ^1H 核）时，若某一无线电波的频率 γ 恰好与自旋能级差 ΔE 相适应时，即

$$\Delta E = h\gamma \quad 或 \quad \gamma = \frac{\gamma B_0}{2\pi}$$

则该频率的无线电波被待测原子选择性地吸收,处于低能态的原子核由于吸收此频率的无线电波而跃迁至高能态(即所谓的"核磁共振")。核磁共振波谱仪就是将待测物质对无线电波的吸收情况以化学位移(常数)δ作横坐标,以吸收强度为纵坐标,记录并绘制出核磁共振波谱(或核磁共振谱图)。

核磁共振波谱中的吸收峰组数、化学位移、裂分峰数目、偶合常数以及各峰的峰面积(积分高度)等都与物质中存在的基团物质结构有密切关系。因此,根据核磁共振波谱可鉴定和推测化学物质(有机物)的分子结构。

二、结构

NMR 仪的型号和种类很多,按产生磁场的来源可分为永久磁铁、电磁铁和超导磁铁三种;按磁场强度的大小不同,所用的照射频率不同又分为 60MHz(1.4097 T)、90MHz(2.11 T)等;按仪器的扫描方式又可分为连续波(CW)方式和脉冲傅里叶变换(PFT)方式两种。电磁铁 NMR 仪最高可达 100MHz,超导 NMR 仪目前已达到并超过 600MHz。频率越大的仪器,分辨率和灵敏度越高,更主要的是可以简化谱图而利于解析。图 4-28 是一般 NMR 仪的示意图。

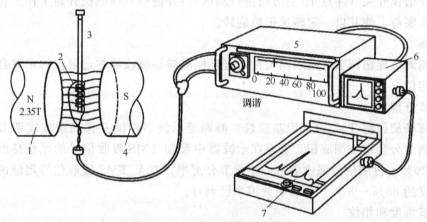

图 4-28 NMR 波谱仪原理图
1,4—磁体;2—射频线圈;3—样品;5—发射机;6—接收机;7—记录仪

不论哪种类型的仪器,都由磁铁、探头、发射系统、接收系统和自动化、智能化记录器组成。

1. 磁铁

磁铁是用来产生一个恒定、均匀的磁场,是关系到 NMR 仪灵敏度和测量准确度的部分。增大磁场强度可提高仪器的灵敏度。目前常用的磁铁有永久磁铁、电磁铁、超导磁铁三种。

2. 探头

又称检测器,是核磁共振仪的眼睛。为了得到更多的信息,探头也发展成许多种类,有单核、双核和多探头之分。单核探头只能检测一种核,如 ^1H 或 ^{13}C 核探头;双核探头既可测 ^1H 核,又可检测 ^{13}C 核;多核探头灵敏度高,可以测定 ^{19}F、^{31}P、^{15}N 等多种核,但灵敏度一般不如单核探头高。

3. 发射系统

它包括观察发射及去偶道发射，二者都由频率源、脉冲调制、功放、相移、计算机控制接口等部分组成。

4. 接收系统

它包括低噪声前放、超外差接收、中放、相敏检波、滤波、计算机 A/D 转移、傅里叶变换、相位校正、显示绘图等。目前好的谱仪都采用正交检波、相位循环。

5. 波谱仪

它通常包括专用控制微机（如自动保护、自动控制）、计算机数据处理系统（如二维谱、谱分析、谱模拟等）。

总之，NMR 谱仪采用了现代科学各方面的最新技术，发展成大型精密仪器，不断满足各种结构分析的需要，不断采用更新的技术，以便最大限度地扩大 NMR 谱仪的功能。

三、使用方法

核磁共振波谱仪的使用方法通常包括以下步骤。

1. 开机并放好标准样品管

打开波谱仪开关（注意 1h 后方可进行测试），并使空气压缩机开始工作。将标准样品管沉入探头底部，使其以一定转速平稳旋转。

2. 匀场

用磁场调节旋钮调节好磁场均匀性，直至标准样品吸收峰在记录仪和示波器上有适当的幅度和相位。

3. 调节分辨率

先用磁场旋钮将 TMS（四甲基硅烷）峰调至示波器中间并将扫谱宽度调节到适当范围，然后调节分辨率细调旋钮，直至在示波器中看到 TMS 吸收信号的尾波高度是吸收信号高度的 70%，再用信号强度表进一步调节分辨率，直至 TMS 吸收信号尾波的峰高是吸收信息高度的 85%～90%，则表明分辨率已调好。

4. 调节幅度和相位

调节好幅度和相位旋钮，以使标准样品信号强度适当，吸收信号峰前峰后在一条基线上。

5. 样品测试

取出标准样品管，换上待测样品管，按上述步骤调节待测样品的幅度与相位，并将内标物 TMS 吸收信号峰调至记录纸 $\sigma=0$ 位置，将记录笔移至 $\sigma=10$ 位置，然后开始扫谱，记录谱图。

6. 扫积分线

在调节好记录笔不再漂移后，进行扫描积分。

7. 自旋去偶

用自旋去偶旋钮将原来自旋偶合裂分的多重峰变为单峰。

4.12 质谱仪

用来检测和记录待测物质的气态分子分解出的带正电荷离子在电场和磁场作用下，按其质荷比（m/z）的大小排列的质谱，并进行相对分子（原子）质量、分子式的测定以及组成和结构分析的仪器，称为质谱仪。

一、原理

质谱仪将待测化合物在高真空中加热汽化，然后运用离子化技术使气态分子失去一个电子形成离子或发生化学键断裂形成碎片正离子和自由基（也有分子可能捕获一个电子形成负离子），再让这些正离子在电场和磁场的综合作用下，加速通过狭缝进入高真空的质量分析器（即磁分析器）中，在外磁场的作用下，其运动方向发生偏转，由直线运动改作圆周运动。在磁感应强度 B 和加速电压 V 固定不变的情况下，离子运动半径 R 取决于质荷比 m/z。

$$R = \frac{1}{B}\sqrt{2V\frac{m}{z}}$$

即 m/z 越大，R 越大；反之，R 越小。为此，在质量分析器中，各种离子就按质荷比 m/z 的大小顺序被分开。

质谱仪出射狭缝的位置是固定的，只有离子运动半径 R 与质量分析器的半径 R_s 相等时，离子才能通过出射狭缝到达检测器，从而可以获得按 R 即 m/z 大小顺序排列的谱图。

二、结构

质谱仪具有高灵敏度、高自动化并能提供丰富的结构信息，但其结构非常复杂、价格昂贵。质谱仪的种类很多，按研究对象不同，质谱仪可分为同位素质谱仪、无机质谱仪和有机质谱仪。按质量分析器不同可分为单聚焦质谱仪、双聚焦质谱仪、四极滤质器及飞行时间质谱仪。

图 4-29 所示为质谱仪组成框图。其中进样系统的作用是将待测物质（即样品）送进离子源；离子源把样品中的原子、分析电离成为离子；质量分析器使离子按照质荷比的大小分离开来；离子检测器用以测量、记录离子流强度，从而得出质谱图。离子源的结构与性能对分析效果的影响极大，有人称之为质谱仪的心脏。它与质量分析器、离子检测器皆为质谱仪的关键部件，此外，仪器中还配置真空系统、供电系统和数据处理系统，以保证仪器正常运行。

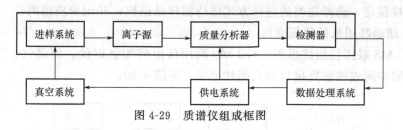

图 4-29　质谱仪组成框图

质谱仪的关键部件如下。

1. 离子源

为了适应不同形态样品的分析要求，人们利用气体放电、粒子轰击、场致电离、离子-分子反应等机理，发展了数十种离子源，使样品中的原子（分子）电离成离子（正离子、负离子、分子离子、碎片离子、单电荷离子、多电荷离子），并将离子加速、聚焦成为离子体，以便送进质量分析器。

2. 质量分析器

质量分析器的作用是将离子源产生的离子按照质荷比的大小分开。理想的质量分析器应该能分开质荷比相差很微小的离子，使质谱仪具有较高的分辨率，而且能产生强的离子流使质谱仪具有较高的灵敏度。质量分析器的种类繁多，常用的有单聚焦分离器、双聚焦分离器、四极滤质器、飞行时间分离器四种。

3.离子检测器

为了进行高灵敏度与高速度检测，现代质谱仪一般采用电子倍增检测器或后加速式倍增检测器，由检测器输出的电流信号经前置放大器放大并转变为适当数字转换的电压，由计算机完成数据处理并绘制成质谱图。

4.真空系统

为了保证样品中的原子（或分子）在进样系统与离子源中正常运行，保证离子在离子源中的正常运行，减少不必要的粒子碰撞、散射效应、复合效应和离子-分子反应，减小本底与记忆效应，均要求质谱仪中的有关部分保持一定的真空度。

5.电学系统

原子（分子）的电离以及离子的引出、聚焦、加速、分离的整个过程，都需要利用电学系统提供能量，使仪器按确定的电磁参数正常运行。离子流的检测与记录、数据采集与处理系统的运行，同样需要仪器中设置的电学系统加以实现。

三、使用方法

1.普通质谱仪的使用方法

（1）开机前的准备

① 在开机前首先要将仪器的真空系统调节到规定的真空度（否则严禁开机）。

② 调节好实际操作条件：

a.根据待测定的对象选择能量相当的离子源，去选择常用的电子轰击源，则要调节好一定的发射电流和离子源温度。

b.调节好磁场扫描范围和扫描速度及扫描方式。

c.调节好检测器的电子倍增器电压范围。

（2）进样测定　选择适当的进样方式将待测样品进样，并记录质谱图。

2.色谱-质谱联用机的使用方法

（1）GC-MS联用仪组成框图　GC-MS联用仪由气相色谱仪、质谱仪、计算机和GC与MS之间的中间连接装置接口四大部件组成，见图4-30。

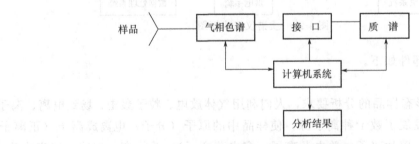

图4-30　GC-MS联用仪组成框图

四大部件的作用是：气相色谱仪是混合样品的组分分离器；接口是样品组分的传输线和GC、MS两机工作流量或气压的匹配器；质谱是试样组分的鉴定器；计算机是整机工作的指挥器、数据处理器和分析结果输出器。

（2）GC-MS 联用仪操作要点

① 对给定的 GC-MS 联用仪，按流量匹配原则，选择色谱柱类型、尺寸、柱前压（或流量），是仪器正常工作和良好性能的基础。一般 GC-MS 联用仪的操作说明书对规格、接口和柱前压有较详细的规定，应遵照执行。

② 了解并控制混合物分离的气相色谱条件，是利用 GC-MS 联用仪分析成功的第一步。在 GC 中，一切有利于试样色谱分离的方法都应继承，如样品萃取、衍生化、硅烷化处理等。

③ 合理设置 GC-MS 联用仪各温度带区的温度，防止出现冷点，是保证色谱有效分离的关键。

④ 防止离子源玷污是减少离子源清洗次数、保持整机良好工作状态的重要措施。防止离子源玷污的方法有：柱老化时不连质谱仪，柱最高工作温度应低于老化温度 10℃ 以上。保持离子源温度，必要时加热，减少引入高沸点和高含量样品，防止真空度下降等。

⑤ 质谱仪操作质量（质谱图质量范围、分辨率和扫描速度）的综合考虑。按分析要求和仪器所能达到的性能设定操作参量：在选定 GC 柱和分离条件下，可知 GC 峰的宽度。以 1/10 的 GC 峰宽初定扫描周期，由所需谱图的质量范围、分辨率和扫描速度，再实测之。若仪器性能不能满足要求再适当修正。

⑥ 注意进样量的综合分析。以能检出和可鉴定为度，尽量减少进样量，以防止玷污质谱仪。

⑦ GC-MS 联用仪的操作随具体仪器的自动化程度而有很大的差异，自动化程度越低，操作人员越应注意操作要求。

4.13 高效毛细管电泳仪

以电场为驱动力，将待测物质在毛细管中进行高效快速分离并进行定性、定量分析的仪器，称为高效毛细管电泳仪。

一、原理

高效毛细管电泳（HPCE）是待测离子或荷电粒子以电场为驱动力，在毛细管中按其淌度或分配系数上的差异而进行高效快速分离的一种液相分离技术。图 4-31 是 HPCE 最基本的仪器示意图。

毛细管电泳具有不同分离机制和选择性的多种分离模式，这里仅介绍毛细管区带电泳分离模式。在此分离模式中毛细管和缓冲溶液瓶（又称电泳槽）内充满有相同组分和相同浓度的背景电解质溶液（缓冲液），样品从毛细管的一端（进样端）导入，当毛细管两端加上一定压力后，荷电粒子便朝与其极性相反的电极移动。由于样品组分间的淌度不同，它们的迁移速率也不相同，因而经一定时间后，各组分将按其速率（或淌度）大小顺序依次到达检测器被检出，得到按时间分布的电泳谱图。用其谱峰的迁移时间或类似与色谱法术语中的保留时间作定性分析，按谱峰高度（h）或峰面积（A）作定量分析。

由于 HPCE 具有高效、快速、样品用量少等特点，现已广泛应用于生命科学、食品科学、环境化学、毒物学、医学和法学等领域。它在分离有机分子、药物分子，特别是手

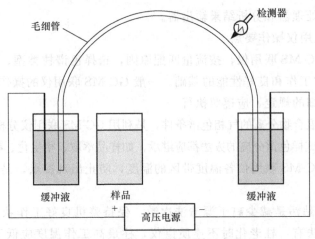

图 4-31　HPCE 仪器组成示意图

性分子和生物大分子方面显示出了其独特的优势。

二、结构

商品高效毛细管电泳仪有多种，其自动化程度也各不相同。但从原理上讲主要由高压电源、毛细管、电泳槽和检测器等部件组成。

（1）高压电源　为分离提供动力，输出直流电压一般为 0～30 kV，分离毛细管的纵向电场强度可高达 $400\text{V}\cdot\text{cm}^{-1}$ 以上，因而分离操作可在很短时间内完成，达到非常高的分离效率（理论塔板数可达 40000 块·cm^{-1} 以上）。

（2）毛细管　内径很细（一般小于 $100\mu\text{m}$），长度约 50 cm 的石英毛细管，在电场驱动力的作用下，按淌度或分配系数的差异分离样品组分。

（3）电泳槽　盛放待测样品及缓冲液（背景电解质溶液）和电极的塑料或玻璃等绝缘材料制成的容器（容积 1～3mL）。

（4）检测器　将样品分离后的组分信号转换成响应信号对迁移时间的关系曲线，即给出电泳谱图。

三、使用方法

1. 预热仪器和冲洗毛细管

打开仪器配套的工作站，设置一定的工作温度，在不加电压条件下冲洗毛细管。

2. 测定

（1）待毛细管冲洗完毕，从毛细管的进样端导入样品溶液并置于分离缓冲液中。

（2）选择一定的电源电压和适当的测量时间，接通高压电源并开启检测器开关。

（3）根据获得的电泳谱图，进行定性、定量分析。

3. 结束

实验完毕，毛细管及时用水冲洗并用空气吹干，以备下次用。

参考文献

[1] 冯金城.有机化合物结构分析与鉴定.北京：国防工业出版社，2003.
[2] 余仲建，李松兰，张殿坤.现代有机分析.天津：天津科学技术出版社，1994.
[3] 武汉大学化学系.仪器分析.北京：高等教育出版社，2001.
[4] 谈天.谱学方法在有机化学中的应用.北京：高等教育出版社，1985.
[5] 北京师范大学化学系分析研究室.基础仪器分析实验.北京：北京师范大学出版社，1985.
[6] 《仪器分析实验》编写组.仪器分析实验.厦门：复旦大学出版社，1988.
[7] 霍冀川.化学综合设计实验.北京：化学工业出版社，2007.
[8] 刘约权，李贵深.实验化学.第2版.北京：高等教育出版社，2005.
[9] 武汉大学化学与分子科学学院实验中心.仪器分析实验.武汉：武汉大学出版社，2005.
[10] 张晓丽.仪器分析实验.北京：化学工业出版社，2006.
[11] 赵文宽.仪器分析实验.北京：高等教育出版社，1997.
[12] 中国科学技术大学化学与材料科学学院实验中心.仪器分析实验.合肥：中国科学技术大学出版社，2011.
[13] 白玲，石国荣，罗盛旭.仪器分析实验.北京：化学工业出版社，2010.
[14] 陈国松，陈昌云.仪器分析实验.南京：南京大学出版社，2009.
[15] 苏克曼，张济新.仪器分析实验.北京：高等教育出版社，2005.
[16] 罗立强，徐引娟.仪器分析实验.北京：中国石化出版有限公司，2012.
[17] 王亦军，吕海涛.仪器分析实验.北京：化学工业出版社，2009.
[18] 宋桂兰.仪器分析实验.北京：科学出版社，2010.
[19] 张剑荣.仪器分析实验.北京：科学出版社，2009.
[20] 蔡艳荣.仪器分析实验教程.北京：中国环境科学出版社，2010.
[21] 韩喜江.现代仪器分析实验.哈尔滨：哈尔滨工业大学出版社，2008.
[22] 谷春秀.化学分析与仪器分析实验.北京：化学工业出版社，2012.
[23] 温桂清.环境仪器分析实验.广西：广西师范大学出版社，2013.